Estudos de aula

Experiências de formação de professores

Conselho Editorial da Editora Livraria da Física

Amílcar Pinto Martins - Universidade Aberta de Portugal

Arthur Belford Powell - Rutgers University, Newark, USA

Carlos Aldemir Farias da Silva - Universidade Federal do Pará

Emmánuel Lizcano Fernandes - UNED, Madri

Iran Abreu Mendes - Universidade Federal do Pará

José D'Assunção Barros - Universidade Federal Rural do Rio de Janeiro

Luis Radford - Universidade Laurentienne, Canadá

Manoel de Campos Almeida - Pontifícia Universidade Católica do Paraná

Maria Aparecida Viggiani Bicudo - Universidade Estadual Paulista - UNESP/Rio Claro

Maria da Conceição Xavier de Almeida - Universidade Federal do Rio Grande do Norte

Maria do Socorro de Sousa - Universidade Federal do Ceará

Maria Luisa Oliveras - Universidade de Granada, Espanha

Maria Marly de Oliveira - Universidade Federal Rural de Pernambuco

Raquel Gonçalves-Maia - Universidade de Lisboa

Teresa Vergani - Universidade Aberta de Portugal

Maria Madalena Dullius
Marli Teresinha Quartieri
(Organizadoras)

Estudos de aula

Experiências de formação de professores

2024

Copyright © 2024 a organizadora
1ª Edição

Direção editorial: Victor Pereira Marinho e José Roberto Marinho

Capa: Fabrício Ribeiro
Projeto gráfico e diagramação: Fabrício Ribeiro

Edição revisada segundo o Novo Acordo Ortográfico da Língua Portuguesa

Dados Internacionais de Catalogação na publicação (CIP)
(Câmara Brasileira do Livro, SP, Brasil)

Estudos de aula: experiências de formação de professores / organizadoras Maria Madalena Dullius, Marli Teresinha Quartieri. – São Paulo: Livraria da Física, 2024.

Vários autores.
Bibliografia.
ISBN 978-65-5563-409-9

1. Prática de ensino 2. Prática pedagógica 3. Professores - Formação 4. Ciências exatas - Estudo e ensino I. Dullius, Maria Madalena. II. Quartieri, Marli Teresinha

24-188350   CDD-370.71

Índices para catálogo sistemático:
1. Professores: Formação: Educação 370.71

Tábata Alves da Silva - Bibliotecária - CRB-8/9253

Todos os direitos reservados. Nenhuma parte desta obra poderá ser reproduzida sejam quais forem os meios empregados sem a permissão da Editora.
Aos infratores aplicam-se as sanções previstas nos artigos 102, 104, 106 e 107 da Lei Nº 9.610, de 19 de fevereiro de 1998

LF Editorial
www.livrariadafisica.com.br
www.lfeditorial.com.br
(11) 3815-8688 | Loja do Instituto de Física da USP
(11) 3936-3413 | Editora

Apresentação

A formação de professores é um desafio contínuo, pois vivemos num mundo em transformação e essa precisa ser acompanhada na área educacional. Os professores são os atores fundamentais neste contexto, portanto a sua atualização é uma necessidade constante e esta pode ser realizada de diversas formas, sendo uma delas, foco deste livro, a formação continuada.

Na literatura encontramos diferentes maneiras de desenvolver a formação continuada. Neste livro, apresentamos experiências relacionadas com Estudos de aula, que é uma metodologia de formação pautada na colaboração dos envolvidos e realizada no contexto escolar dos mesmos. Os Estudos de aula surgiram no Japão, mas atualmente já estão divulgados e são utilizados em pesquisas de diferentes países, sendo adaptados conforme o contexto em que estão inseridos.

No decorrer do livro são apresentados sete capítulos, em que são apresentadas pesquisas desenvolvidas em diferentes contextos. Três capítulos socializam a experiência com grupo de professores dos Anos Finais do Ensino Fundamental para integração de recursos tecnológicos na prática pedagógica, envolvendo conteúdos como números decimais, equações do 1º grau, condição de existência de um triângulo, educação financeira, área e perímetro, construção de gráficos. Em outro capítulo, é compartilhada uma investigação desenvolvida com professores do Ensino Médio, por meio dos Estudos de Aula, focando no tema análise combinatória. Além disso, há um capítulo que socializa uma experiência envolvendo professores dos Anos Iniciais para discutir o fazer pedagógico relacionado à cultura surda e suas interlocuções com a etnomatemática.

Dois capítulos discutem questões relacionadas à implementação da metodologia dos Estudos de Aula com um grupo de professores. Um discute experiências vivenciadas por dois grupos de Estudos de Aula em contexto de sala de aula, bem como discussões realizadas no Grupo de Pesquisa para auxiliar as Facilitadoras no uso desta metodologia, utilizando-se pressupostos de Design Based Research (DBR). O outro, destaca a importância da escolha do tópico a ser desenvolvido no decorrer dos Estudos de Aula, questionando: O que foi considerado na escolha do tópico a ensinar? Quais os elementos foram abordados na seleção do tópico a ensinar?

Este livro é uma produção decorrente do projeto intitulado "Aplicativos e simuladores no ensino híbrido ou remoto na área das Ciências Exatas" aprovado no âmbito do Edital FAPERGS SEBRAE/RS 03/2021 – Programa de apoio a projetos de pesquisa e de inovação na área de Educação Básica – PROEdu. O projeto foi desenvolvido pelo Grupo de Pesquisa em Experimentação e Tecnologias – GPET, e está vinculado ao Programa de Pós-Graduação em Ensino de Ciências Exatas, PPGECE, da Universidade do Vale do Taquari – Univates.

Esperamos que as pesquisas socializadas neste livro sirvam de apoio para o desenvolvimento de formação continuada em diferentes níveis de escolaridade e que motivem os professores a trabalhar em parceria, bem como investigar e refletir constantemente sobre sua prática pedagógica. Agradecemos o interesse em ter esta obra na sua coleção e desejamos uma ótima leitura.

Maria Madalena Dullius
Marli Teresinha Quartieri
As organizadoras

Sumário

Formação de professores para o ensino de Ciências Exatas: metodologia Estudos de Aula e o uso de tecnologias digitais 9

Maria Claudete Schorr
Andréia Spessatto De Maman
Maria Madalena Dullius
Marli Teresinha Quartieri
Italo Gabriel Neide

O contributo do estudo de aula no desenvolvimento profissional de duas professoras de Matemática, no ensino da Análise Combinatória 29

Mónica Valadão
Nélia Amado
João Pedro da Ponte

A seleção do tópico a ensinar Matemática em um Estudo de Aula no Sul do Brasil 53

Marta Cristina Cezar Pozzobon

Formação profissional por meio do Estudo de aula 75

Teresinha Aparecida Faccio Padilha
Italo Gabriel Neide

Ensino de Equações: Uma Experiência com Lesson Study 101

Marglis Rech
Maria Madalena Dullius
Iúri Baierle Bertollo

Geometria Espacial, Metodologia de estudos de Aula e Tecnologias Assistivas: Um estudo na perspectiva da Etnomatemática 117

Maria de Fátima Nunes Antunes
Ieda Maria Giongo
Francisca Melo Agapito
Hilbert Blanco-Álvarez

Estudos de Aula: utilização de recursos tecnológicos para o ensino de matemática dos anos finais 143

Ana Paula Krein Müller
Marli Teresinha Quartieri
Morgana Guadagnin

Formação de professores para o ensino de Ciências Exatas: metodologia Estudos de Aula e o uso de tecnologias digitais

Maria Claudete Schorr[1]
Andréia Spessatto De Maman[2]
Maria Madalena Dullius[3]
Marli Teresinha Quartieri[4]
Italo Gabriel Neide[5]

Introdução

Utilizar as tecnologias digitais no meio educacional tem se mostrado cada vez mais eficiente para os processos de ensino e de aprendizagem dos estudantes. Aliado a isso, a Base Nacional Curricular Comum (BNCC) destaca que é importante o uso de tecnologias digitais, uma vez que elas podem "instituir novos modos de promover a aprendizagem, a interação e o compartilhamento de significados entre professores e estudantes" (BRASIL, 2017, p. 63). Entretanto, para que isso ocorra é necessário professores preparados e que aceitem o desafio de utilizar as tecnologias nesta perspectiva. Dullius, Quartieri e Neide (2023) comentam que, a formação continuada pode auxiliar o professor a integrar as tecnologias digitais, por meio de estudos e reflexões, em conjunto, sobre o bom uso destes recursos, bem como por meio do compartilhamento de ideias e experiências.

Diante desse contexto, o grupo de pesquisa GPET (Grupo de Pesquisa Experimentação e Tecnologias), que conta com a participação de pesquisadores, mestrandos e doutorandos do Programa de Pós-graduação em Ensino

---

1 Universidade do Vale do Taquari - Univates
2 Universidade do Vale do Taquari - Univates
3 Universidade do Vale do Taquari - Univates
4 Universidade do Vale do Taquari - Univates
5 Universidade do Vale do Taquari - Univates

de Ciências Exatas (PPGECE) e do Programa de Pós-graduação em Ensino (PPGEnsino) da Univates; tem como objetivo investigar o ensino e a aprendizagem de conteúdos das ciências exatas com a integração de tecnologias digitais e uso de atividades experimentais, analisar suas potencialidades e estruturar, explorar e discutir propostas de ensino. Para alcançar tal objetivo, há diferentes subprojetos que estão sendo desenvolvidos pela equipe do GPET. Um deles, intitulado "Aplicativos e simuladores no ensino híbrido ou remoto na área das Ciências Exatas" conta com apoio financeiro referente ao Edital FAPERGS SEBRAE/RS 03/2021 – Programa de apoio a projetos de pesquisa e de inovação na área de Educação Básica - PROEdu. Este subprojeto tem o intuito de investigar como uma formação continuada fundamentada no Lesson Study pode auxiliar professores da educação básica na potencialização do ensino híbrido ou remoto na área das Ciências Exatas com a integração de simuladores e aplicativos.

O Grupo optou pela formação continuada embasada na metodologia de Lesson Study (Estudos de Aula) pois ela tem-se mostrado potente, porque predomina o trabalho, em conjunto, entre professores e pesquisadores. O foco desta metodologia é o grupo, colaborativamente, realizar o planejamento de atividades para suprir dificuldades dos estudantes em relação a determinado tema, a implementação/observação das mesmas em sala de aula e a reflexão sobre os resultados da implementação.

A metodologia de pesquisa seguiu pressupostos de Design Based Research (DBR) que é um tipo de investigação que compreende diversos ciclos envolvendo as fases de preparação, realização e análise retrospectiva de uma experiência de design e nos instiga a um constante redesenho das experiências de ensino que serão desenvolvidas. O campo de investigação foram dois grupos de professores de matemática dos anos finais do ensino fundamental. Um grupo formado por três professores de uma escola municipal e outro grupo em que participaram oito professores de matemática de uma rede municipal. Em ambos os grupos, havia uma professora facilitadora, as quais são pesquisadoras/voluntárias do grupo de pesquisa. Estas facilitadoras fomentavam as discussões e o desenvolvimento das tarefas, nos respectivos grupos de professores participantes dos Estudos de Aula e relatavam para a equipe do GPET o que estava acontecendo, as dificuldades, os avanços. O grupo em conjunto, refletia e planejava ações para a continuidade das facilitadoras nos grupos dos Estudos de Aula. Assim, este capítulo tem como objetivo socializar experiências vivenciadas pelos dois grupos dos Estudos de Aula, bem como discussões realizadas no GPET para auxiliar as facilitadoras no uso desta metodologia.

Formação continuada por meio da metodologia Estudos de aula

A formação continuada é essencial para o desenvolvimento pessoal e profissional dos professores, proporcionando sentido e valor à atividade docente. Ela contribui para que os professores estejam constantemente atualizados, qualificados e preparados para enfrentar os desafios e promover um ensino de qualidade, contribuindo assim para o desenvolvimento educacional e o sucesso dos estudantes.

De acordo com Nóvoa (2009), é importante os professores criarem o hábito de refletir sobre as práticas efetivadas, buscando constante aperfeiçoamento das mesmas. Para o autor, o professor que busca a formação continuada tende a ampliar o seu campo de trabalho, podendo promover alterações em relação a sua prática e concepções.

E é nesta perspectiva que o grupo de Pesquisa GPET, vem dedicando sua atenção no que se refere à formação com professores. Foram diversos estudos, discussões, atividades desenvolvidas e aplicadas e reflexões realizadas por este grupo, até iniciar os estudos em relação a metodologia *Lesson Study* ou Estudos de Aula.

O termo Lesson Study (em inglês) ou Estudos de Aula (em Portugal) origina-se do termo japonês jugyokenkyu (jugyo=aula, kenkyu=pesquisa). Lesson Study têm sua origem no Japão há mais de 150 anos. É um método que consiste em um grupo de professores identificar uma área problemática no ensino. Juntos, planejam uma aula que possa melhorar o processo de aprendizagem, com ênfase especial em situações que permitam acompanhar o progresso dos alunos. Em seguida, um dos professores do grupo ministra a aula planejada, enquanto os demais observam. Após essa etapa, o grupo se reúne novamente para analisar a aula, refletir sobre ela, destacar os pontos fortes e identificar aspectos que precisam ser aprimorados. Esse processo, de acordo com Dubin (2010), pode ser repetido várias vezes, com diferentes professores ministrando a aula para turmas diferentes, com base na reflexão coletiva, visando aperfeiçoar as atividades elaboradas.

Para Curi (2018, p. 19) esta metodologia "é um processo de desenvolvimento profissional de professores, organizados em grupos colaborativos, mediados por pesquisadores, a partir da tematização da prática de sala de aula!". Para a referida autora o uso desta metodologia possibilita o "desenvolvimento profissional de professores, por meio de um processo colaborativo de investigação, reflexão e ação e avanços no ensino e na aprendizagem" (CURI, 2018, p. 20). A autora destaca que são levadas em conta as "experiências de ensino, os interesses do grupo, a busca de compreensão sobre o aprendizado dos seus alunos e os efeitos de sua atuação profissional".

Segundo Merichelli e Souza (2016) esta abordagem tem valor significativo na qualificação dos professores, uma vez que estimula atitudes investigativas e colaborativas, impulsionando o crescimento profissional e aprimoramento dos planos de aula. A metodologia se destaca por ser fundamentada em evidências, uma vez que os professores acabam avaliando as estratégias que estão desenvolvendo e utilizam o feedback dos estudantes para analisar a qualidade do mesmo.

> [...] tem sido apontada como capaz de incentivar a reflexão e a colaboração entre professores e promover a aprendizagem dos alunos, o desenvolvimento profissional e a melhoria dos planos de aula. Além disso, a seu favor pesam os fatos de ser baseada em evidências - já que professores avaliam os métodos de ensino que estão tentando desenvolver e usam a voz dos estudantes para analisar a qualidade do ensino (MERICHELLI E CURI, 2016, p. 17).

Outro fator relevante nos Estudos de Aula e que pode ser um diferencial em relação a outras formas de formação continuada é que ela inicia na prática do professor, parte para a teoria, e retorna para a prática, ou seja, a prática faz parte de todo processo de formação. Segundo Quaresma et al. (2015, p. 2) "Trata-se, portanto, de um processo muito próximo de uma pequena investigação sobre a própria prática profissional, realizado em contexto colaborativo".

Pesquisas têm mostrado o uso de diferentes etapas na metodologia dos Estudos de Aula. Por exemplo, para Baldin e Felix (2011) ela ocorre em três etapas: planejamento da aula; execução da aula; reflexão sobre a aula, que busca não apenas a melhoria específica da mesma, mas também o aprimoramento docente. Já Curi (2018), destaca cinco etapas, todas realizadas de forma colaborativa com o intuito de melhorar a aprendizagem dos estudantes: formulação de objetivos; planejamento de aulas; condução, observação de aula e coleta de dados; reflexão sobre os dados coletados; compartilhamento dos resultados.

No decorrer dos Estudos de Aula realizados, o grupo de pesquisa (GPET) optou por utilizar a metodologia em 4 etapas, todas também realizadas colaborativamente, adaptadas de Curi (2018):

a) planejamento da aula – Escolha do tema/conteúdo a ser trabalhado pelo grupo de professores e em conjunto planejamento de uma sequência de atividades utilizando tecnologias digitais tendo como base a TUDITEC (DULLIUS, QUARTIERI, NEIDE, 2023);

b) implementação da sequência de atividades e observação – um professor do grupo é responsável pela exploração das atividades elaboradas, enquanto outros observam e/ou filmam a aula com o objetivo de discutir os resultados da proposta de planejamento;

c) análise da aula - os professores, em grupos, assistem à filmagem, discutem a respeito da sequência de atividades exploradas e analisam os resultados em relação a aprendizagem dos estudantes;

d) reformulação e reaplicação - quando necessário, a sequência de atividades é reformulada e aplicada novamente por outro professor, em outra turma.

A Figura 1 representa as etapas adotadas para esta investigação.

Figura 1 – Ciclo das etapas da metodologia de pesquisa de aula adotadas pelo GPET.

Fonte: Dos autores (2023).

Cabe destacar que a participação em um grupo de Estudos de Aula se constitui em um processo de natureza reflexiva e colaborativa, ou seja, busca o desenvolvimento profissional do professor por meio da reflexão sobre a sua própria prática, com o auxílio de colegas. Ponte et al. (2016) comentam que esta metodologia possibilita aos professores aprenderem sobre os conteúdos que estão ensinando, as estratégias para o ensino destes conteúdos, as dificuldades dos alunos, bem como sobre dinâmicas diferenciadas em sala de aula. Ademais, Blanco-Álvarez e Castellanos (2017) apontam que a etapa da observação além de permitir que os participantes analisem os planejamentos elaborados e a aprendizagem dos alunos, pode proporcionar mudanças de concepções, pois a abertura da sala de aula permite enriquecimento mútuo com as experiências e especialidades de cada um, o que é fundamental para a melhoria da prática pedagógica.

A Teoria do Uso Didático das Tecnologias Digitais

Como base teórica sobre as tecnologias digitais para desenvolver esse trabalho foi utilizada a Teoria do Uso Didático das Tecnologias Digitais (TUDITEC), que tem como objetivo apoiar estudos e práticas que visam fazer uso didático das tecnologias digitais no ensino de ciências e matemática. Segundo os autores Dullius, Quartieri e Neide (2023), essa teoria é compreendida por dois conceitos-chave: o Planejamento Tecnológico Didático (PDT) e as Propriedades Tecnológicas Relevantes (PTR). O PDT possui duas etapas conhecidas como 'Delineamento e Pesquisa' e a 'Elaboração do Material Didático'. Dullius, Quartieri e Neide (2023, p. 17) destacam "A PTD deve ser desenvolvida sob a luz dos pressupostos que a PTR aborda, respeitando as propriedades que constituem esse conceito-chave: a investigação, o dinamismo, a eficiência e a visualização". Na Figura 2, são apresentados os conceitos-chave da TUDITEC, os componentes PTD e PTR.

Figura 2 – Diagrama da Teoria do Uso Didático das Tecnologias Digitais

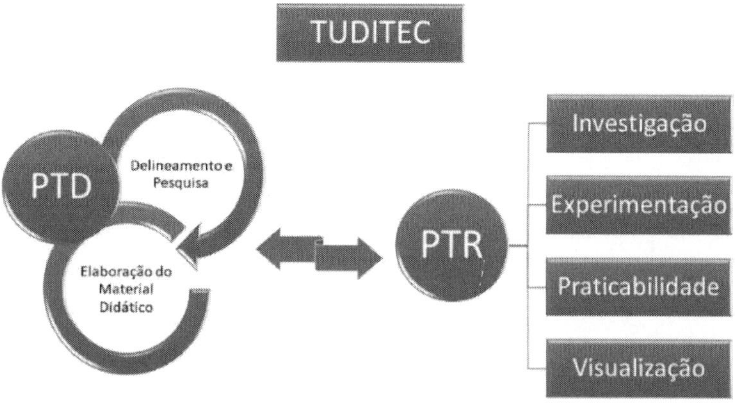

Fonte: Dullius, Quartieri e Neide (2023, p. 18)

A etapa de Delineamento e Pesquisa inserida na PTD é dividida em passos que auxiliam na escolha de um recurso computacional eficiente para os processos de ensino e de aprendizagem. São eles:

1º passo: identificar o conceito a ser ensinado;

2º passo: definir os objetivos que se deseja alcançar;

3º passo: buscar nos diferentes repositórios digitais e literatura tecnologias digitais que abordam o conceito a ser ensinado.

Após a escolha do recurso digital, os autores destacam que o professor não deve ter a preocupação em entender completamente todas as funções deste recurso, mas sim apenas aquelas que são essenciais para trabalhar o conceito que deseja ensinar.

Na etapa da Elaboração do Material Didático, considerada a segunda etapa da PTD , os autores trazem a possibilidade de ser criada uma Sequência Didática (SD). Para os autores Dullius, Quartieri e Neide (2023, p. 21):

> Nossa proposição é que a sequência didática tenha uma introdução de forma a problematizar o conteúdo específico que se deseja ensinar com a realidade do aluno e que deve também estar conectado com os objetivos da primeira etapa. Após se apresentam às situações de aprendizagem, que sob a nossa interpretação devem ser a forma

de questões indagativas, instigantes e motivadoras para possibilitar aos alunos operarem conceitos ativamente para construir aprendizagem com significado.

Ao usar a TUDITEC, seja por meio da SD ou de outra metodologia, é importante destacar que os professores devem levar em consideração as quatro propriedades da PTR apresentadas na Figura 2. Segundo Dullius, Quartieri e Neide (2023, p. 22) "Uma vez que se observa que essas propriedades estão subsidiadas, podemos dizer que o material didático conserva essas propriedades e tem potencial de se fazer um bom uso com tecnologias digitais".

Entre as propriedades da PTR (Figura 2) está a Investigação que possibilita momentos indagativos e problematizações para desenvolver hipóteses. Outra propriedade é a Experimentação que segundo os autores é o momento de tentativa e erro do aluno, momento de experimentar diferentes situações. A propriedade de Praticabilidade acontece quando os estudantes de forma ágil e autônoma resolvem as atividades. E por último, a propriedade de Visualização que é marcada por possibilitar ao estudante às diferentes formas de visualização, por diferentes ângulos, auxiliando na aprendizagem dos estudantes e na elaboração dos seus próprios conceitos.

Dessa forma é possível afirmar que a TUDITEC pode auxiliar o professor quando fizer uso das tecnologias digitais em sua prática pedagógica. Importante destacar que, para que haja uma melhor compreensão desta teoria por parte dos professores sugere-se uma formação de professores, assim como apresentado neste capítulo, a formação continuada com professores usando a metodologia Lesson Study com análise de suas intervenções por um grupo de pesquisa seguindo os pressupostos da Design Based Research (DBR), que é uma investigação cíclica que passa por diferentes fases.

Ações, discussões e resultados

Para o desenvolvimento desta investigação, contou-se com a colaboração de dois grupos de professores, os quais foram constituídos pelas facilitadoras (F1 e F2). Estas duas professoras fazem parte do grupo de pesquisa e cada uma, respectivamente com seu grupo de professores, desenvolveu o processo de Estudos de aula. As atividades foram desenvolvidas no contexto em que as duas professoras atuam. Os encontros para discussão das ações de investigação das duas professoras e do GPET aconteceram virtualmente, por meio de salas Meet, era mensalmente ou conforme demanda. As discussões trazidas pelas facilitadoras sobre os Estudos de Aula em suas escolas, para o GPET, seguiram os pressupostos da Design Based Research (DBR), que é uma investigação cíclica que passa por diferentes fases. Portanto, a seguir serão apresentados os pressupostos teóricos da DBR, culminando na abordagem escolhida pelo GPET para desenvolver essa investigação e a apresentação dos resultados obtidos.

Nessa perspectiva, a DBR é uma abordagem de pesquisa metodológica, que quando utilizada na área do Ensino tem como objetivo melhorar as práticas em sala de aula, sendo que nesta pesquisa em específico o foco foi melhorar o processo de Estudos de Aula desenvolvidos pelas facilitadoras em seus respectivos contextos. A DBR é desenvolvida por meio de intervenções na práxis do professor, tem como base a colaboração entre pesquisador e professor e se estabelece a partir de diálogos que permitem a cada etapa, transformações no contexto e nos sujeitos. A proposta da DBR "está muito mais alinhada ao processo de aplicações e testes de uma solução num dado contexto, que se provar algo e se instituir verdades científicas" (SANTIAGO, 2018, p. 43). O referido autor complementa que por meio da DBR, busca-se

> contribuir para a melhoria da prática socioeducativa e para a melhoria da práxis dos sujeitos participantes, bem como, revisar e refinar as teorias empregadas, pois numa perspectiva dialética compreendemos que o conceito de verdade é fluido, haja vista o que hoje a ciência afirma ser verdade, em pouco tempo não mais o será, ela mesma questiona, em algum momento da história, as teses que antes defendia (SANTIAGO, 2018, p. 43).

A aplicação da DBR, está no planejamento, implementação e na avaliação de sequências de ensino e aprendizagem, contribuindo para que conhecimentos didáticos sejam construídos e consolidados, associando-se teoria e prática, como é ilustrado na Figura 3. A metodologia não necessita estar amparada por teorias de aprendizagem específicas, pois pode ser utilizada em consonância com diferentes teorias, pois tem como finalidade admitir quais princípios de design serão usados na elaboração, realização e avaliação dos resultados (KNEUBIL & PIETROCOLA, 2017).

Figura 3 – Representação esquemática da metodologia DBR.

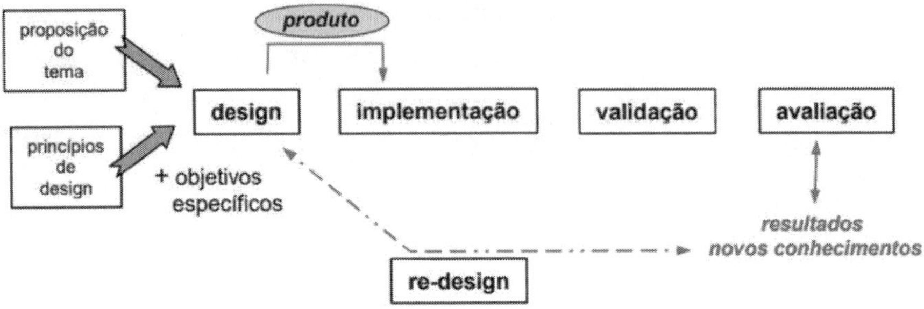

Fonte: reproduzido de Kneubil & Pietrocola (2017).

A abordagem Design Based Research (DBR), ou Pesquisa Baseada em Design, é uma abordagem metodológica que compreende, de forma geral, as fases apresentadas na Figura 3. Já na perspectiva de Cobb et al. (2003) existem três fases principais, preparação, implementação e análise retrospectiva. A preparação pode ser interpretada como o planejamento e estaria caracterizada pelo "design" em relação com a Figura 3. Já a implementação tem o mesmo nome, e a análise retrospectiva é a "avaliação". O autor descreve os principais aspectos relativos à realização de cada uma das três fases. Destaca-se que estas foram as fases seguidas para a estruturação do grupo de pesquisa GPET frente às demandas trazidas pelas professoras que desenvolveram o Estudo de Aula no seus contextos. A seguir, de forma detalhada, serão apresentadas as três fases desenvolvidas à investigação do GPET.

Preparação

Na fase da preparação esteve envolvida a questão de estudar, conhecer, discutir sobre as características dos Estudos de Aula e as diferentes etapas envolvidas no processo. Também nesta fase discutiu-se sobre a formação dos dois grupos. Para a realização dos estudos a professora coordenadora do GPET enviou antecipadamente textos para leitura prévia. Assim, durante os encontros foram realizadas discussões acerca do conteúdo abordado nos textos. Para aprofundar o estudo, em um dos encontros participaram duas professoras portuguesas que possuem experiência nesta metodologia e apresentaram pesquisas realizadas em Portugal com esta temática.

Ainda nesta primeira fase, discussões sobre a organização das formações que as facilitadoras iriam realizar foram pauta. Cada facilitadora pode organizar seu grupo de professores da Educação Básica livremente, assim como organizar com eles um cronograma de atividades presenciais e online. Para a organização dos seus respectivos grupos, as facilitadoras apresentaram dúvidas como: Quantos professores devem compor o grupo? Todos devem atuar no mesmo ano escolar? Todos precisam ser da mesma escola?

As facilitadoras também relataram a dificuldade em reunir os professores, tendo em vista a elevada carga horária destes em sala de aula e por atuarem em mais de uma escola. Neste sentido, sugestões como realizar encontros remotos em horários noturnos ou vespertinos foram dadas pelo grupo GPET. A F1 relatou que já estaria organizando os encontros iniciais neste formato e F2 disse não ter tanto problema em relação ao horário, pois como está na gestão da escola, teria mais flexibilidade e conseguiria organizar estas formações na hora atividade ou mesmo após a reunião da escola com o seu grupo.

Ainda nesta fase, outro fato discutido foi o uso de aparelhos para gravar áudio e vídeo das práticas, pois foi apontado que isso poderia interferir nas atitudes dos estudantes e também no professor que estaria ministrando a aula. Um dos professores pesquisadores sugeriu colocar a câmera de filmagem ou celular no fundo da sala de forma que os estudantes não a enxergassem a todo momento. Pois mesmo eles sabendo que estariam sendo filmados, não vendo a câmera a todo momento, poderia fazer com que agissem de forma natural.

Após os estudos teóricos, as reflexões, a estruturação dos grupos e a organização dos encontros de formação, passou-se para a 2ª fase, aqui denominada de implementação.

Implementação

Nesta fase as facilitadoras passaram a realizar os encontros de formação com os professores da Educação Básica. Cada facilitadora, com seu respectivo grupo, iniciou a formação realizando discussões sobre Estudos de Aula para compreender esta metodologia. Posteriormente, os dois grupos começaram a colocar em prática as etapas dos Estudos de Aula e cabe destacar que os integrantes do GPET não participavam de forma direta nestes grupos, mas sim, a partir dos relatos das duas facilitadoras nos encontros do grupo, avaliavam o desenvolvimento do processo e buscavam contribuir com o mesmo.

Nas reuniões do GPET, as facilitadoras relatavam como estavam acontecendo as formações. Em um dos primeiros encontros, elas comentaram sobre a resistência de alguns professores quanto ao uso dos recursos tecnológicos digitais e também ao fato dos colegas assistirem suas aulas. Uma das etapas dos Estudos de Aula é os envolvidos no grupo, assistirem às aulas planejadas colaborativamente, sendo desenvolvidas por algum integrante do grupo, ou seja, quando um professor está realizando a prática, os demais estarão assistindo, para posteriormente refletirem sobre esta aula.

Para o desenvolvimento do processo de Estudos de Aula, as facilitadoras seguiram as etapas conforme mencionado anteriormente. Primeiramente, junto com seu grupo de professores, definiram o tema de estudo, e isto aconteceu a cada novo ciclo dos Estudos de Aula. Na sequência, definiam os objetivos da aula e iniciavam o processo de planejamento. Na próxima etapa, um dos professores do grupo desenvolvia com sua turma de alunos a aula planejada colaborativamente e os demais assistiam a aula. Para F1, esta etapa dos estudos de aula foi a mais difícil de ser realizada operacionalmente, pois nos diferentes ciclos que este grupo desenvolveu, sempre contou com em torno de 8 docentes e de escolas diferentes. Então, neste grupo, foram necessárias algumas adaptações, como por exemplo, alguns integrantes do grupo assistiam a aula e gravavam a mesma para que os demais professores pudessem assistir a aula via vídeo. A F2 não teve problemas em relação a isso, pois o seu grupo contava com três professores da mesma escola.

Após as aulas desenvolvidas em contexto real de sala aula, com os estudantes dos professores envolvidos, os respectivos grupos se reuniam para refletir sobre a aula, analisavam se o planejamento estava bom e claro o suficiente e se necessário, realizar modificações. Esta análise sempre deveria ter como foco, o estudante, ou seja, a aula foi planejada adequadamente para auxiliar os estudantes a atingirem o objetivo proposto.

Concomitantemente ao funcionamento dos dois grupos de professores, com suas respectivas facilitadoras, desenvolvendo as etapas dos Estudos de Aula, aconteciam os encontros do GPET. Conforme já mencionado, as facilitadoras são integrantes deste grupo e elas compartilhavam sobre como estava acontecendo o desenvolvimento dos estudos de aula, as dificuldades que estavam encontrando, e o grupo então discutia e pensava em possibilidades de mudança para tentar auxiliar o desenvolvimento das atividades dos dois grupos de professores.

As principais dificuldades apontadas pelas facilitadoras no GPET e as sugestões apontadas pelo grupo de pesquisa são apresentadas na fase da análise retrospectiva.

Análise retrospectiva

Nesta etapa os pesquisadores realizam uma análise retrospectiva dos dados coletados. Examinam as informações qualitativas e quantitativas para avaliar a eficácia da intervenção educacional e identificam insights relevantes. Essa análise retrospectiva permite que os pesquisadores compreendam melhor os aspectos do design que foram bem-sucedidos, bem como os desafios enfrentados durante a implementação. Com base nesses resultados, eles podem fazer ajustes no design e propor melhorias para futuras intervenções ou práticas educacionais. Segundo Cobb et. al. (2003), a análise retrospectiva, que compreende a 3ª fase, o desafio é como fazer a análise da quantidade de dados coletados e que os resultados sejam credíveis. Por isso, a experiência dos pesquisadores é fundamental neste processo de colocar a experiência de design num contexto teórico mais amplo. Por este motivo, todos os encontros foram gravados e transcritos para realização da análise.

Para facilitar a compreensão da análise retrospectiva, apresentamos aqui também os principais aspectos discutidos no GPET durante os encontros que aconteciam concomitantemente ao desenvolvimentos dos Estudos de Aula nos dois grupos. Antes de iniciar as atividades com os grupos nas escolas, ou seja, ainda na fase do design, as facilitadoras apresentaram vários questionamentos, como:

- qual deve ser a frequência dos encontros com o grupo de professores?

- qual deve ser o tempo destinado para o planejamento das aulas?

- quantos professores devem compor o grupo?

Estas questões foram discutidas no GPET e o grupo considerou que suas respostas dependem do contexto, da realidade de cada caso, pois mesmo na literatura, das experiências dos Estudos de Aula em diferentes países e contextos, não há uma definição em relação a estes pontos apontados. Discutido isso, F1 decidiu formar seu grupo com 8 professores e F2 com 3 professores. Em relação a periodicidade dos encontros, esta foi variada, acontecia de acordo com as necessidades e possibilidades dos grupos, visto que, conforme já mencionado, o horário para encontro dos grupos foi uma das dificuldades apontadas pelo fato dos professores participantes atuarem em mais de uma escola. Além disso, F1 realizou alguns encontros de forma online por seu grupo contar com professores de escolas diferentes. Já F2 fez os encontros de forma presencial, pois os três integrantes eram da mesma escola.

Outras dúvidas destacadas por F1 refere-se a mais de um professor ministrar a mesma aula *"Eu poderia ter essa primeira etapa de utilização dessa aula de investigação por uns 2 professores ao invés de ter um só?"* Em resposta a este questionamento, o grupo destacou que sim, que é possível mais professores ministrarem a mesma aula, inclusive que esta é a prática utilizada em várias experiências de Estudos de Aula.

Sobre o tempo para planejamento, após o primeiro encontro do grupo para realização do mesmo, F1 destacou que o tempo da reunião foi curto para ocorrer um planejamento mais detalhado. Assim, ficou combinado que seria aberto um documento compartilhado contendo as combinações feitas e que fossem colocadas sugestões de melhorias em relação ao planejamento. Em relação ao planejamento das atividades, o grupo de pesquisadores destacou que este processo de planejar em conjunto demanda tempo, pois cada um tem uma opinião, uma sugestão, uma consideração. Além disso, o planejamento deve estar detalhado para facilitar o momento da observação. Para Curi e Martins (2018, p. 487)

> a característica geral do planejamento da aula é o detalhamento e o registro de toda a trajetória de aprendizagem que será percorrida no seu desenvolvimento, incluindo, além dos objetivos, aspectos decorrentes da observação da aprendizagem e dificuldades dos estudantes durante a aula, as reações e respostas esperadas, a contextualização, a observação dos conhecimentos prévios dos estudantes, as reflexões sobre a aula a partir do que foi observado, etc. A aula pode ser planejada a partir de materiais de apoio, adaptando-os ou não. As

atividades pensadas para a aula devem favorecer a observação da aprendizagem dos estudantes.

Antes de ir para o desenvolvimento da aula de investigação, as facilitadoras também apresentaram dúvidas, como por exemplo a fala de F1 *"Em relação à gravação, eu ainda fico me perguntando como os adolescentes reagem com a gravação, como eles vão se comportar, ..., eu não sei o quanto eles vão se sentir à vontade, o quanto ter uma Câmera na sala de aula vai mudar a dinâmica vai não sei. A gente está receosa".* Uma professora pesquisadora comentou que na visão dela a reação dos estudantes será tranquila, entretanto se preocupa com a reação dos professores frente às gravações, mas com experiência anteriores do grupo com Estudos de Aula, foi possível perceber que ocorre um processo do professor se acostumar com a gravação e que esta acaba sendo fonte de autoavaliação dos próprios professores em relação a prática pedagógica.

Outra questão comentada pelas facilitadoras foi em relação aos momentos de observação na implementação das atividades. É importante deixar explícito nas reuniões dos Estudos de Aula que a observação é em relação às reações e aprendizagens dos estudantes, bem como para a melhora das atividades planejadas em grupo; e, não do professor. Importante a questão de lembrar constantemente os professores que a observação é no planejamento, no que se poderia ter escrito diferente, nas atividades construídas, na aprendizagem dos estudantes, como apontado na pesquisa de Curi (2018). Blanco-Álvarez e Castellanos (2017, p. 16) apontam, com base em suas experiências com formação utilizando a metodologia de Estudos de Aula, que, quando os professores ministraram aula com a presença de outros colegas na sala de aula, todos acabaram se sentindo mais confiantes e o processo "se tornou um estímulo" "construtivo e positivo para a melhoria da qualidade do ensino".

Uma dificuldade apontada por F1 em relação às observações, é que vários professores participantes do grupo não disponibilizavam tempo para assistir às aulas e sempre somente os mesmos observavam. Então a sugestão do grupo para F1 foi tentar motivar outros professores para que vivenciassem esta experiência. Já no grupo da F2, um dos integrantes sempre queria que as aulas de investigação iniciassem pelo seu colega do grupo, pois não se sentia seguro, mas o desenvolvimento de mais ciclos possibilitou que este iniciasse o processo com segurança.

Após o primeiro momento de observação da aula, F1 apontou aspectos como: o planejamento para essa atividade foi frágil, foi realizada uma escolha de links de websites para explorarem com os estudantes, porém não houve uma discussão aprofundada sobre a forma de uso das tecnologias digitais; que a professora regente estava insegura, realizando poucas intervenções durante a aula; a necessidade de fazer um planejamento de forma colaborativa e mais aprofundado; a dificuldade de acompanharem todas intervenções dos quatro professores, assim como também da observação dos demais professores nas intervenções dos seus colegas.

Neste sentido, foi sugerido que o grupo utilizasse o próximo encontro para planejar em conjunto a intervenção, de forma a ir além de selecionar links, fazer um diálogo aprofundado sobre a metodologia de ensino que será utilizada, assim como explorar os websites escolhidos e elaborar toda a atividade. O grupo de pesquisa salientou a importância dos grupos de Estudos de Aula também realizarem discussões teóricas em relação às temáticas de tecnologias digitais e algumas abordagens de ensino.

Foram feitas sugestões no sentido de resolver a questão da dificuldade da presença dos professores nas aulas de seus colegas. Foi aconselhado que a facilitadora estimule a participação dos professores no momento das observações de aulas, destacando a importância das mesmas e fortalecendo a ideia de pertencimento dos professores em todo o processo de Estudos de Aula. Outra estratégia elencada foi de conversar com o grupo de professores no sentido de que seria difícil para a facilitadora estar em todos os encontros. Portanto, a importância deles estarem assumindo o papel principal de observadores em algumas aulas de seus colegas. Outra sugestão foi a gravação das intervenções e o envio para os professores que não puderam estar presentes.

Além disso, para auxiliar nesta etapa dos Estudos de Aula que ainda estava bastante fragilizada, ou seja, os planejamentos estavam carecendo de mais detalhamentos e de uma melhor estruturação, convidamos uma professora/facilitadora que havia realizado planejamentos bem detalhados em uma experiência de estudos realizada em Portugal para relatar e compartilhar com o grupo sobre como ela trabalhou esta etapa.

Outra preocupação das facilitadoras foi no sentido de elas não serem as protagonistas no momento dos planejamentos, quando nos Estudos de Aula é incentivado que os professores sejam os protagonistas. Neste sentido, um

Formação de professores para o ensino de Ciências Exatas: metodologia Estudos de Aula...

pesquisador expressa que em alguns momentos os professores não possuem experiência com o tema e precisam de exemplos como ponto de partida para os planejamentos. Ou seja, no sentido de que num primeiro momento a facilitadora será realmente a protagonista, mas depois conforme vão aprendendo a construir, os professores vão se tornando os protagonistas, e no futuro isso deve acontecer naturalmente, marcando o protagonismo dos professores.

Ambas facilitadoras realizaram três ciclos de Estudos de Aula e várias questões apontadas no primeiro ciclo, foram desenvolvidas com mais sucesso no terceiro ciclo, o que evidencia que os Estudos de Aula favorecem o desenvolvimento profissional dos envolvidos, considerando que é um processo onde todos são protagonistas nas diferentes etapas, como na escolha do tema, na definição da problemática, no planejamento das atividades, na implementação, observação e reflexão das aulas.

Considerações Finais

O intuito deste capítulo, foi socializar experiências vivenciadas por dois grupos de Estudos de Aula em contexto de sala de aula, bem como discussões realizadas no GPET para auxiliar as facilitadoras no uso desta metodologia. Inferimos que o GPET foi fundamental para a continuidade dos grupos de Estudos de Aula, pois auxiliaram no alinhamento do processo de orientação das facilitadoras, durante o desenvolvimento e implementação das atividades, bem como nos momentos de reflexão e avaliação dos resultados.

As reuniões do GPET foram momentos de estudos, de reflexões e de discussões, tanto em relação à metodologia dos Estudos de Aula, quanto ao planejamento das atividades envolvendo tecnologias digitais e aos itens que deveriam ser observados quando da implementação das atividades, por um dos professores. Destacamos que as dúvidas das facilitadoras, que estavam mediando a metodologia dos Estudos de Aula no contexto escolar, serviram de base para a equipe do GPET refletir sobre contribuições e dificuldades em relação ao uso desta metodologia como formação continuada de professores.

Quanto às dificuldades, podemos destacar a questão do tempo de participação nos Estudos de Aula, em particular quanto a disponibilidade de observar as aulas dos colegas, devido a quantidade elevada de horas em sala de aula dos professores. Tal dificuldade foi mitigada pelo uso de filmagem e posterior análise dos participantes que não podiam observar as aulas in loco.

Quanto às contribuições podemos citar que a ocorrência de três ciclos em cada grupo foi relevante para que os participantes se sentissem seguros e aos poucos protagonistas do processo dos Estudos de Aula. O planejamento das aulas, que no primeiro ciclo, ficou restrito a citar atividades simplificadas, no terceiro ciclo foi melhor desenvolvido e descrito com mais detalhes. A observação foi se naturalizando com o passar dos ciclos tanto para os alunos como para os professores. Destaca-se o quanto os professores participantes consideraram esta etapa importante para a melhoria da prática pedagógica. A fase da avaliação/reflexão da implementação das atividades planejadas foi importante para aperfeiçoar as atividades e melhorar a aprendizagem dos alunos. Infere-se que todas essas contribuições foram potencializadas devido à metodologia de pesquisa utilizada pelo grupo de pesquisadores, ou seja, a DBR, que neste caso, teve como intuito auxiliar as facilitadoras no decorrer do processo dos Estudos de Aula.

Por fim, destacamos que a metodologia Estudos de Aula pode ser uma forma de resgatar a autoestima do professor para a prática de ensino, fortalecendo o trabalho colaborativo em equipe, além de promover ambiente de trabalho estimulante tanto para os professores como para os alunos envolvidos. Assim, tal metodologia que tem foco na aprendizagem do aluno, acaba influenciando também no desenvolvimento profissional dos professores envolvidos.

Referências

ANASTASIOU, L. das G. C.; ALVES, L. P. **Processos de ensinagem na universidade: pressupostos para as estratégias de trabalho em aula**. 5ª ed. Joinville: Univille, 2005.

BALDIN, Yuriko Yamamoto; FELIX, Thiago Francisco. A pesquisa de aula (Lesson study) como ferramenta de melhoria da prática na sala de aula. In: **Conferência Revista Baiana de Educação Matemática**, v. 02, n. 01, p. 01-31, e202135, jan./dez., 2021. e-ISSN 2675-5246. 28 INTERAMERICANA DE EDUCAÇÃO MATEMÁTICA, 13. CIAEM, 2011, Recife. Anais [...]. Recife, Brasil, 2011.

BEHAR, Patrícia Alejandra. **Competência em Educação a distância** [recurso eletrônico]/Organizadora , Patrícia Alejandra Behar. – Dados Eletrônicos. – Porto Alegre: Penso, 2013.

BLANCO-ÁLVAREZ, H.; CASTELLANOS, M. T. La formación de maestros reflexivos sobre su propia práctica y el estudio de clase. In.: MUNHOZ, A. V.; GIONGO, I. M. (Org.). **Observatório da educação III: práticas pedagógicas na educação básica** – Porto Alegre: Ed. Criação Humana / Evangraf, 2017. p.231.

COBB, Paul et al. **Design experiments in educational research.** Educational researcher, v. 32, n. 1, p. 9-13, 2003.

DUBIN, J. Teachers Embrace the Japanese Art of Lesson Study. In: **Education Digest: Essential Readings Condensed for Quick Review,** v. 75, n. 6, p. 23-29, fev., 2010 -Ann Arbor, 2010.

FELIX, T. F. (2010). Pesquisando a melhoria de aulas de matemática segundo a proposta curricular do Estado de São Paulo, com a Metodologia da Pesquisa de Aula (Lesson Study) Dissertação de **Mestrado Profissional em Ensino de Matemática,** PPGECE-UFSCar. (http://ppgece.ufscar.br)

GHEDIN, E. Tendências e dimensões da formação do professor na contemporaneidade. **4° CONPEF.** Universidade Estadual de Londrina, Londrina (PR), 2009.

HARGREAVES, A. Introduction. In: CLARK, C. M. (Eds.). **Thoughtful teaching.** Wellington: Cassel, 1995.

KNEUBIL, F. B.; PIETROCOLA, M. A pesquisa baseada em design: visão geral e contribuições para o ensino de ciências. Investigações em Ensino de Ciências, v. 22, n. 2, p.1-16, 2017.

MERICHELLI, M. A. J.; CURI, E. Estudos de Aula ("Lesson Study") como metodologia de formação de professores. **Revista de Ensino de Ciências e Matemática,** [S. l.], v. 7, n. 4, p. 15–27, 2016. DOI: 10.26843/rencima.v7i4.1202. Disponível em: https://revistapos.cruzeirodosul.edu.br/index.php/rencima/article/view/1202. Acesso em: 27 jun. 2023.

MERICHELLI, M. A. J.; SOUZA, I. C. P. de. As aprendizagens profissionais de um grupo de professores em um estudo de aula. In: **Anais do XII Encontro Nacional de Educação Matemática.** São Paulo. 2016. Disponível em: <http://www.sbembrasil. org.br/enem2016/anais/pdf/4723_3790_ID.pdf>. Acesso em: 12 jun. 2023.

NÓVOA, A. Para uma formação de professores construída dentro da profissão. In: **Professores: imagens do futuro presente.** Lisboa: Educa, 2009.

NÓVOA, A. **Nada substitui um bom professor: propostas para uma revolução no campo da formação de professores.** In: Gatti, B.A. Por uma política nacional de formação de professores, pp.1gg-z10. São Paulo: Unesp, 2013.

PERRENOUD, Philippe. **Construire des compétences dès l'école**. 3. ed. Paris: ESF, 2000.

PONTE, J.P., QUARESMA, M., MATA-PEREIRA, J., & BAPTISTA, M.. O estudo de aula como processo de desenvolvimento profissional de professores de matemática. **Bolema**, v. *30*, n. 56, p. 868 – 891, 2016. http://dx.doi.org/10.1590/1980-4415v30n56a01.

QUARESMA, M. PONTE, J. P. Comunicação e processos de raciocínio: Aprendizagens profissionais proporcionadas por um estudo de aula. In: XXVI SIEM, 2015, Coimbra. Actas do **XXVI SIEM**. Coimbra, 2015

RINALDI, C. **Diálogos com Reggio Emilia: escutar, investigar e aprender**. São Paulo:Paz e Terra, 2016.

ROCHA, G. D. F da. **Formação continuada de professores de Matemática na EFAP: os significados de um grupo de professores.** Dissertação de Mestrado (Programa de Pós-Graduação Profissional em Educação). UFSCar. São Carlos (SP), 2015.

SANTIAGO, R. C. C. de A. **Framework design-based research para pesquisas aplicadas.** 2018. 300 f. Tese (Doutorado multi-institucional e Multidisciplinar em Difusão do Conhecimento), Universidade Federal da Bahia. Faculdade de Educação, Salvador, 13 mar. 2018. Disponível em: < http://repositorio.ufba.br/ri/handle/ri/25959>. Acesso: 22 out. 2020

O contributo do estudo de aula no desenvolvimento profissional de duas professoras de Matemática, no ensino da Análise Combinatória

Mónica Valadão[1]
Nélia Amado[2]
João Pedro da Ponte[3]

Introdução

Em Portugal, o ensino da Análise Combinatória tem sido pouco valorizado, surgindo apenas no 12.º ano, na disciplina de Matemática A. Este tema não exige conhecimentos matemáticos anteriores, pelo que pode representar uma excelente oportunidade de sucesso para os alunos, bem como despertar o gosto pela Matemática. No entanto, os processos de ensino e aprendizagem da Análise Combinatória revelam-se difíceis, quer para os alunos, quer para os próprios professores (Silva et al., 2004). Muitas destas dificuldades estão relacionadas com um ensino direto e transmissivo, baseado na exposição de fórmulas e na resolução de exercícios de aplicação, desvinculados de conexões com a realidade. Assim, torna-se importante investir numa mudança das práticas de sala de aula.

O estudo de aula pode proporcionar aos professores uma oportunidade para aprofundarem os seus conhecimentos matemáticos, analisarem diferentes tipos de tarefas a propor aos alunos, trabalharem com diversos modelos de organização da aula, como a abordagem exploratória (Ponte, 2005), e refletirem sobre a eventual pertinência de mudança de práticas (Ponte et al., 2014). Deste modo, o estudo de aula, como processo de formação e de desenvolvimento profissional de professores de cunho colaborativo e centrado na prática,

---

1   Escola Básica e Secundária Tomáz de Borba, Açores
2   Universidade do Algarve
3   Instituto de Educação, Universidade de Lisboa

foi a estratégia adotada para envolver um par de professoras na planificação de uma sequência didática, que seguiu uma abordagem de ensino exploratório, no tema da Análise Combinatória. O objetivo deste estudo é compreender o modo como a participação de duas professoras num estudo de aula contribuiu para o seu desenvolvimento profissional, no que diz respeito a uma abordagem de ensino e aprendizagem exploratória no tema da Análise Combinatória.

Enquadramento Teórico

O estudo de aula como processo de desenvolvimento profissional

Na perspetiva Stigler e Hiebert (1999), ensinar é uma atividade cultural e, como tal, os estudos de aula partem do pressuposto de que as mudanças na educação, tal como as atividades culturais, desenvolvem-se de forma contínua e gradual, ao longo do tempo, com o trabalho colaborativo e reflexivo dos docentes.

O foco de um estudo de aula é o processo de ensino e aprendizagem, assumindo como pressuposto que ao se pretender melhorar o ensino e a aprendizagem, a forma mais efetiva de o fazer é no contexto da sala de aula. Num estudo de aula, os professores trabalham em conjunto, procurando identificar as dificuldades dos seus alunos, preparam em detalhe uma aula que depois observam e analisam em profundidade. No fundo, realizam uma pequena investigação sobre a sua própria prática profissional, em contexto colaborativo, informada pelas orientações curriculares e pelos resultados da investigação relevante (Ponte et al., 2016). Tal como afirmam Ponte et al. (2016),

> A participação num estudo de aula constitui uma oportunidade para os professores aprenderem questões importantes em relação aos conteúdos que ensinam, às orientações curriculares, aos processos de raciocínio e às dificuldades dos alunos e à própria dinâmica de sala de aula. (Ponte et al., 2016, p. 870).

Os estudos de aula respeitam a natureza complexa do ensino e geram conhecimento que é utilizado de imediato, uma vez que têm em conta o ensino quando este acontece. Um aspeto fundamental dos estudos de aula é que eles se centram nas aprendizagens dos alunos e não no trabalho dos professores.

Apesar das transformações que um ciclo de estudos de aula pode experimentar na adaptação às realidades dos diversos países, a participação num estudo de aula deve constituir uma importante oportunidade de desenvolvimento profissional dos professores, permitindo ampliar os seus conhecimentos sobre o ensino e a aprendizagem. Fujii (2018) sugere um ciclo de cinco etapas. Os professores devem começar por estabelecer os objetivos para as aprendizagens dos alunos, definindo o tema a trabalhar. Segue-se a etapa de planificação da aula de investigação. A planificação da aula exige um intenso trabalho de pesquisa e uma reflexão profunda sobre as estratégias de ensino a utilizar. Os professores tentam prever as dificuldades dos alunos, antecipando possíveis questões que possam surgir na aula, constroem tarefas e preparam instrumentos para a observação, tendo sempre como foco a qualidade das aprendizagens dos alunos. O produto desse trabalho é da responsabilidade do grupo de professores e as diferentes experiências de sala de aula constituem uma mais-valia para a planificação da aula de investigação. Na terceira etapa um dos professores leciona a aula de investigação, os restantes observam e registam o desempenho dos alunos durante a aula. A quarta etapa é caracterizada pela discussão sobre a aula de investigação. Nesta fase os professores debatem sobre a forma como decorreu a aula de investigação, identificando os principais problemas/dificuldades. Com base na análise das observações, na quinta etapa os professores refletem sobre o trabalho realizado, podendo proceder a uma reformulação da aula de investigação.

As características das sucessivas etapas de um ciclo de estudos de aula podem oferecer inúmeras oportunidades formativas aos professores.

O ensino e a aprendizagem da Análise Combinatória

A Análise Combinatória é descrita por vários autores (Batanero et al., 1997; English, 2005; Lockwood et al.,2020) como a arte que nos ensina a enumerar todas as maneiras possíveis de selecionar ou combinar um determinado número de objetos, atendendo a condições específicas, de modo a termos a certeza de que não deixamos de fora nenhuma das possibilidades.

O raciocínio combinatório desempenha um papel importante para se alcançarem os principais objetivos curriculares e, por isso, as recomendações para incorporar a Combinatória no currículo escolar de Matemática datam da década de 70. Kapur (1970) justifica a importância do ensino da Combinatória:

(i) por não depender do cálculo, possibilita a formulação de problemas adequados a diferentes níveis de escolaridade; (ii) promove a discussão de problemas desafiantes; (iii) pode ser utilizada para preparar os alunos para os processos de enumeração, elaboração de conjeturas e o desenvolvimento do pensamento sistemático; e (iv) pode ajudar a desenvolver muitos conceitos, tais como equivalência e relações de ordem, funções, amostra, etc.

Lockwood et al. (2020) salientam que a resolução de problemas combinatórios proporciona o desenvolvimento de um pensamento matemático rico. A combinação entre a acessibilidade e a exigência cognitiva proporciona um contexto rico no ensino da Matemática. Os autores defendem que a Combinatória promove importantes práticas matemáticas, nomeadamente na construção de argumentos viáveis, na análise crítica dos raciocínios dos colegas, na procura e na utilização de estruturas/padrões e no incentivo à justificação e à generalização. Finalmente, Lockwood et al. (2020) argumentam que a Combinatória é um domínio onde, naturalmente, se pode desenvolver o pensamento e a atividade computacional.

English (2005) mostra que a maioria dos alunos enfrenta grandes dificuldades na resolução de problemas de contagem. Para os alunos é um desafio e, muitas vezes, uma dificuldade, perceber que aspetos dos problemas de contagem devem ter em atenção e que informações retirar. Por isso, é comum recorrerem a palavras-chave e à memorização e aplicação de fórmulas na resolução destes problemas. Apesar de ser possível os alunos obterem algum sucesso com a utilização de tais estratégias, o seu uso excessivo conduz a uma perspetiva de que contar não é mais do que associar um problema a uma fórmula (Lockwood, 2014). Muitos alunos aplicam as fórmulas das operações combinatórias de forma incorreta, sugerindo que não compreenderam quando e porquê as fórmulas devem ser aplicadas.

Batanero (1997) defende que o ensino e a avaliação da Combinatória devem ser baseados na resolução de problemas combinatórios diversificados, em que os alunos sintam necessidade de utilizar procedimentos sistemáticos de enumeração, recorrência, classificação e diversas representações. O ensino da Combinatória deve enfatizar o raciocínio combinatório envolvido, em oposição à aplicação analítica de fórmulas de permutações, arranjos e combinações.

Estudos mais recentes (Reed & Lockwood, 2021) indicam também que os alunos podem obter melhores desempenhos na resolução de problemas de contagem se as fórmulas das operações combinatórias utilizadas possuírem significado para eles. Nesta perspetiva uma forma de tentar atribuir algum significado às fórmulas das operações combinatórias, poderá passar por levar os alunos a construir essas fórmulas a partir da generalização do seu trabalho num conjunto de problemas combinatórios. Enquanto os alunos resolvem os problemas combinatórios, a sua compreensão deve ser estimulada por um questionamento apropriado por parte do professor, pedindo-lhes que expliquem e justifiquem as suas respostas. Ao professor caberá, assim, a importante função de incentivar os alunos a interpretar, criar estratégias, argumentar, criar situações de discussão, onde todos têm oportunidade de expor as suas ideias, propor sugestões, questionar e refletir.

A abordagem exploratória

As abordagens de ensino que promovem o raciocínio matemático dos alunos envolvem ações complexas e difíceis. Exigem que os professores possuam um conhecimento profundo sobre os temas matemáticos que ensinam e que disponham de um conjunto de competências que permitam desenvolver aprendizagens matemáticas de qualidade para todos os alunos (Ball et al., 2008).

Ponte et al. (2020) consideram que a valorização do raciocínio matemático na sala de aula pode ser feita, naturalmente, a partir do trabalho dos alunos. Para os autores, uma estratégia de ensino favorável ao desenvolvimento do raciocínio matemático dos alunos é a abordagem de ensino exploratório. Na sua perspetiva:

> Trata-se de um modo de trabalho que pode levar os alunos não só a desenvolver o seu raciocínio e os seus conhecimentos e capacidades em Matemática, mas também a assumir uma perspetiva muito mais positiva sobre o que é esta ciência como atividade humana. (Ponte et al., 2020, p. 11)

Esta abordagem caracteriza-se pela participação ativa dos alunos na descoberta e construção do seu conhecimento. Numa abordagem de ensino exploratório "a ênfase desloca-se da atividade «ensino» para a atividade mais complexa «ensino-aprendizagem» (Ponte, 2005, p. 13). Canavarro (2011) considera que numa perspetiva de ensino exploratório "os alunos aprendem a partir do trabalho sério que realizam com tarefas valiosas que fazem emergir as ideias matemáticas, que são sistematizadas em discussão coletiva" (Canavarro, 2011, p.11). Esta abordagem valoriza um ambiente de comunicação na sala de aula, privilegiando os momentos de reflexão e discussão com toda a turma, após a realização de trabalho autónomo. Nesta estratégia de ensino-aprendizagem parte importante do trabalho é da responsabilidade dos alunos, mas não deixam de existir momentos de exposição pelo professor e de sistematização das aprendizagens realizadas. O papel do professor é fundamental na escolha das tarefas apropriadas, na condução das discussões na sala de aula, nas suas intervenções, quando introduz novas ideias, enfatiza relações e favorece o foco em determinadas ideias, de modo a promover generalizações e justificações mais eficazes. Stein et al. (2008) defendem que a realização de tarefas desafiantes, bem como uma dinâmica de sala de aula centrada nos alunos, coloca os professores perante desafios que vão além do design da tarefa ou da sua exploração. Para os autores a realização destas tarefas possibilita a utilização de inúmeras abordagens e estratégias de resolução, pelo que os professores se deparam com um grande leque de respostas, que necessitam de gerir e de utilizar para guiar os alunos até uma compreensão profunda das ideias matemáticas envolvidas. Assim, o ensino exploratório da Matemática é uma atividade complexa e considerada difícil por muitos professores.

A aula em três fases permite pôr em prática a abordagem de ensino exploratório, onde é dada grande ênfase ao trabalho coletivo de toda a turma. Procura-se proporcionar aos alunos um espaço alargado de participação, onde se discutem soluções e estratégias de resolução de tarefas matemáticas e onde os alunos questionam as estratégias e os argumentos dos colegas. A aula deve iniciar-se com o lançamento de uma tarefa, pelo professor, seguindo-se o trabalho autónomo dos alunos, individual ou em grupo, e termina na discussão coletiva, com a apresentação e confronto de resoluções, e a síntese final.

O professor apresenta a tarefa aos alunos, as ferramentas disponíveis para a sua realização, bem como a natureza do trabalho que devem desenvolver, procurando envolver os alunos na realização desse trabalho. A apresentação da tarefa deve ser curta, clara e motivadora, no entanto, é muito importante perceber se os alunos a compreendem. Ponte et al. (2012) sublinham que a apresentação da tarefa corresponde a uma prática profissional crítica por parte do professor. Os autores referem que esta prática envolve um lado relacional, sendo necessário criar um ambiente propício ao trabalho a realizar e um lado cognitivo, que deve representar uma oportunidade de aprendizagem e de abertura de caminhos para aprendizagens futuras.

Na fase de exploração, os alunos trabalham autonomamente na tarefa. Os alunos são incentivados a resolver a tarefa pelo processo que considerarem mais adequado, sabendo que na fase seguinte deverão explicar a sua abordagem e estratégia de resolução aos restantes colegas e ao professor. Nesta fase, o professor circula pela sala, observando o trabalho dos vários grupos, verificando se surgem dificuldades na resolução das questões e se os alunos estão a trabalhar de modo produtivo, formulando questões, ensaiando e testando conjeturas e procurando justificá-las. O professor deve apoiar os alunos a progredir na sua atividade, através de perguntas adequadas. Os alunos podem colocar as dúvidas ao professor, este pode optar por responder diretamente, mas também pode evitar fazê-lo, devolvendo as questões ao grupo ou à turma. Ao longo da fase de trabalho autónomo, se o professor se aperceber que um número significativo de alunos não compreende a situação ou está com dificuldade na elaboração de uma estratégia de resolução, pode interromper o trabalho dos alunos e promover uma pequena discussão coletiva, de modo a resolver a dificuldade.

Por último, na fase de discussão coletiva e síntese final, o professor solicita aos alunos a apresentação do seu trabalho e procura saber os resultados obtidos, como os justificam e as conclusões encontradas. Nesta fase, é importante analisar as questões matematicamente significativas, evitando a repetição de ideias ou resoluções. Este é o momento de promover uma visão geral dos vários aspetos envolvidos na situação e das diferentes estratégias que podem ser usadas para a explorar, refletindo sobre as suas vantagens e desvantagens. Deve ser feita uma sistematização das principais ideias trabalhadas, o que ajuda os alunos a compreender e a registar as ideias que foram efetivamente trabalhadas e a relacioná-las com outros conceitos e procedimentos aprendidos anteriormente. Ponte et al. (2013) referem que explorar desacordos e desafiar os alunos constituem aspetos muito importantes nas discussões coletivas. Indicam que "na condução de uma discussão é necessário equilibrar aspetos relativos aos conhecimentos matemáticos, filtrando as ideias dos alunos, focando a sua atenção nas ideias fundamentais e prestar atenção aos processos matemáticos" (Ponte et al., 2013, p. 57). Ao longo de todas as fases, o professor deve criar um ambiente propício à aprendizagem e estimular a comunicação entre os alunos.

Metodologia de investigação

Aspetos gerais

Os resultados apresentados neste capítulo decorrem de um estudo mais alargado, de natureza qualitativa (Bogdan & Biklen, 2007), segundo o paradigma interpretativo, e realizado através de uma investigação baseada em design. O estudo teve por base a realização de uma experiência de ensino, preparada com o objetivo de compreender de que modo é possível desenvolver o raciocínio matemático dos alunos na aprendizagem da Análise Combinatória. A planificação desta experiência foi elaborada num estudo de aula subordinado ao tema da Análise Combinatória, lecionado na disciplina de Matemática A do 12.º ano de escolaridade. Durante as sessões do estudo de aula foi construída uma sequência didática constituída por sete aulas de 90 minutos, sobre a resolução de tarefas de contagem envolvendo as operações combinatórias de permutação, arranjo simples, combinação e arranjo completo. As sete aulas desta sequência seguiram uma abordagem de ensino exploratório.

Participantes

Neste estudo de aula participaram duas professoras de Matemática, Sílvia e Carolina, licenciadas em ensino de Matemática, que foram colegas de curso e realizaram estágio pedagógico da licenciatura na escola onde lecionam. Ao longo dos 25 anos de serviço docente têm lecionado preferencialmente Matemática A do ensino secundário. Apesar de terem frequentado várias formações, é a primeira vez que têm oportunidade de participar num processo de desenvolvimento profissional ancorado na prática pedagógica em sala de aula. Nenhuma das professoras conhecia os estudos de aula, nem tinham um conhecimento profundo da abordagem de ensino exploratório. Sílvia e Carolina afirmam que sempre lecionaram este tema da mesma forma e reconhecem que muitos alunos revelam dificuldades na compreensão dos problemas combinatórios. Deste modo, a investigadora/facilitadora (primeira autora) propôs-se desenvolver um estudo de aula com estas professoras, no qual assumiu o papel de facilitadora de um trabalho colaborativo desenvolvido ao longo das várias sessões.

O estudo de aula

O estudo de aula decorreu entre os meses de novembro de 2021 e abril de 2022. O tema foi sugerido e negociado entre a investigadora/facilitadora e as professoras, considerando as dificuldades diagnosticadas no processo de ensino e aprendizagem da Análise Combinatória e foi muito bem aceito pelas professoras. Neste estudo de aula foi adotado o modelo de Fujii (2018), constituído por cinco etapas, com algumas alterações. Na primeira etapa após a identificação do problema, foi realizada uma reflexão sobre as principais dificuldades dos alunos na aprendizagem deste tema, a partir da análise e discussão, em grupo, de resultados da investigação sobre o tema escolhido. O tema das tarefas matemáticas, a sua importância na aprendizagem da disciplina e as ações de ensino do professor na promoção do raciocínio dos alunos, com destaque para a abordagem exploratória, foi igualmente alvo de estudo pelo grupo. Na etapa seguinte do estudo de aula elaborou-se a planificação detalhada das sete aulas da sequência didática, que constituíram a sequência das aulas de investigação. A planificação exigiu um intenso trabalho de pesquisa e uma reflexão profunda sobre as estratégias de ensino a utilizar. Com o foco na qualidade das aprendizagens dos alunos, as professoras anteciparam diferentes estratégias de resolução das tarefas, tentaram prever dificuldades, bem como possíveis questões que pudessem surgir ao longo das aulas. Construíram e adaptaram tarefas e preparam instrumentos para a observação das aulas. Seguiu-se a lecionação das aulas de investigação nas turmas das professoras participantes. Sílvia e Carolina apenas observaram duas das sete aulas da sequência didática na turma da colega. Nas etapas quatro e cinco foram realizadas reflexões diárias, após a lecionação de cada uma das aulas, e foi feita a reestruturação (sempre que necessário) do plano da aula seguinte, com base na análise das observações e nas reflexões das professoras.

Recolha e análise de dados

A recolha e análise de dados realizou-se ao longo das 15 sessões do estudo de aula (nove sessões de trabalho e seis sessões de discussão e reflexão pós-aula) e 14 aulas de investigação. Foram ainda realizadas entrevistas semiestruturadas a cada uma das professoras, onde se procurou compreender o modo como cada professora vivenciou a participação no estudo de aula e a sua visão sobre a forma como decorreu a experiência de ensino na sala de aula.

Foram abordadas questões relacionadas como a participação no estudo de aula, com o ensino e a aprendizagem da Análise Combinatória, com os processos de raciocínio matemático dos alunos, com a dinâmica de sala de aula e o papel do professor e dos alunos neste sistema e, ainda, com a oportunidade de desenvolvimento profissional das professoras. Todas as sessões do estudo de aula, bem como as aulas de investigação, foram gravadas, em áudio e vídeo. A análise de dados baseou-se na análise de conteúdo realizada ao longo das diferentes fases do ciclo do estudo de aula: estudo preparatório e planificação da sequência de aulas de investigação; lecionação das aulas de investigação; e discussão e reflexão pós-aula.

Resultados

Fase preparatória e planificação da sequência de aulas de investigação

Sílvia e Carolina encararam esta experiência, simultaneamente, como uma oportunidade e um desafio. Carolina referiu que participar no estudo de aula seria "um desafio e eu gosto As professoras se reuniam, semanalmente, para planificar o trabalho da semana seguinte. Nesse encontro era realizado um balanço do trabalho realizado, dos conteúdos lecionados e faziam uma previsão dos conteúdos a lecionar na semana seguinte. A maioria das tarefas selecionadas eram exercícios de aplicação do manual adotado, para serem realizadas nas aulas e/ou propostas para trabalho em casa. Ocasionalmente, discutiam alguns aspetos relativos com os tópicos que suscitavam dúvidas ou dificuldades. As professoras valorizaram a participação neste estudo de aula, como uma oportunidade para planificar detalhadamente, uma sequência de aulas, através de um trabalho reflexivo e colaborativo entre as professoras participantes e a facilitadora. Carolina destacou a importância da discussão e da possibilidade de "partilha de experiências" entre elas e a facilitadora, por oferecer um novo olhar sobre o processo de ensino e aprendizagem da Análise Combinatória.

Na fase preparatória, nas primeiras sessões, foram trabalhados temas como: i) as tarefas matemáticas e o seu papel no processo de ensino e aprendizagem da disciplina e ii) a abordagem de ensino exploratório e as ações de ensino do professor numa abordagem de ensino exploratório. Foi adotada uma abordagem exploratória para a sequência de aulas, na qual os alunos deveriam deduzir as fórmulas das operações combinatórias. As professoras reconheceram a relevância desta metodologia de trabalho em Matemática e o que a distingue de um ensino direto/transmissivo e reconheceram que alguns conteúdos se adequavam melhor a esta forma de trabalhar do que outros. Sílvia referiu que "...foi bem escolhido. O tema da Combinatória é bom para isto [aulas segundo uma abordagem exploratória]".

Ambas as professoras reconheceram o enorme desafio e demonstraram grande vontade em alterar as suas práticas, envolvendo os alunos ativamente nas aulas. Sílvia confessou:

> *Em tantos anos que dou 12.º ano, dava sempre da mesma forma... Temos de mudar alguma coisa, já estou farta desta abordagem.*

Também Carolina se mostrou disponível em alterar a forma como leciona este tópico:

> *Sim, é importante, de vez em quando, dar uma reviravolta nas nossas aulas.*

Em seguida, foi discutido o papel do professor e dos alunos nesta nova abordagem, a importância das tarefas a propor, a gestão de sala de aula e o tipo de comunicação a estabelecer. Numa abordagem de ensino exploratório o aluno assume um papel central, de construtor das suas próprias aprendizagens, diferente do papel que os alunos destas duas professoras desempenhavam normalmente.

Na planificação da sequência didática, foram considerados os resultados da investigação sobre as dificuldades dos alunos na aprendizagem da Combinatória e as orientações para o ensino e aprendizagem deste tema. Deste modo, as aulas envolveram a "descoberta" das fórmulas das operações combinatórias. Idealizá-las e planificá-las foi uma tarefa desafiante, pois foi necessário conceber uma sequência de tarefas capaz de conduzir os alunos à construção das fórmulas das operações combinatórias, com compreensão. Isto é, o grupo pretendia que os alunos compreendessem quando e porque deviam aplicar cada uma das operações, identificando as semelhanças e diferenças e, ainda, que deduzissem as fórmulas de cada uma das operações a partir da noção de fatorial de um número natural. Esta abordagem às operações combinatórias e aos problemas de contagem foi, certamente, muito diferente da usual. Ao longo da planificação das aulas, Sílvia e Carolina referiram que normalmente identificavam a operação combinatória envolvida numa determinada situação e só depois forneciam aos alunos a sua fórmula. Sílvia indica que "eu estou habituada a fazer exatamente ao contrário".

Terminada a planificação das aulas da experiência de ensino, as professoras mostraram-se satisfeitas com o resultado do trabalho realizado e com um enorme desejo de a colocar em prática. Sílvia afirmou que "é uma abordagem interessante e diferente. Eu gostei". Carolina concordou com a colega e acrescentou que "esta [planificação] foi mais desafiante, porque fez-nos pensar ao contrário".

Aulas de investigação

A fase seguinte consistiu na lecionação da sequência de aulas de investigação. Em cada uma das turmas, a respetiva professora começou por organizar os alunos em grupo e distribuir as tarefas. Recomendou a leitura atenta das tarefas e a sua resolução em grupo, sublinhando que todos deviam participar nesse processo, pois seriam envolvidos na discussão final. Os alunos começaram a ler e resolver as tarefas, solicitando de imediato o apoio da professora. No início as duas professoras responderam às questões colocadas, orientando o trabalho dos alunos o que originou estratégias semelhantes nos diferentes grupos.

Estas questões eram abordadas e discutidas na sessão de reflexão após a realização da primeira aula. Nesta reflexão, Sílvia e Carolina reconheceram a dificuldade em mudar as suas ações, mas assumiram que iriam alterar o seu papel ao longo das aulas da experiência de ensino. Assim, passaram progressivamente, a desafiar os alunos, colocando-lhes questões para refletir, justificar e avançar no raciocínio, o que levou ao surgimento de diferentes estratégias pelos alunos, como se pode observar na resolução da Tarefa: Os quatro ases de um baralho.

O Pedro tem no bolso os quatro ases de um baralho de cartas (às de paus, às de copas, às de espadas e às de ouros). O Pedro vai retirar uma a uma as quatro cartas do bolso e colocá-las lado a lado, da esquerda para a direita, de modo a formar uma sequência de quatro cartas. Quantas sequências diferentes se podem formar?

A^P	A^C	A^E	A^O
1	2	3	4
1	2	4	3
1	3	4	2
1	3	2	4
1	4	2	3
1	4	3	2

6 formas para cada, então

$6 \times 4 = 24$

1º cartão — 4 opções × 2º carta — 3 opções × 3º carta — 2 opções × 4º carta — 1 opção

↓ para a 1ª carta não se repete

↓ pois nem a 1ª nem a 2ª carta voltam a repetir-se

↓ uma vez que 3 cartas já saíram (não se voltando a repetir), só resta uma.

= 24 opções

Similar com as cartas

A respostas primeira
1, 2, 3, 4, 5, 6 hipóteses

6×4 vezes a A = 24

Podem-se formar 24 sequências diferentes

1º
P E O C
P E C O
P O C E
P O E C
P E C O
P E O C
6

1º
O E P C
O E C P
O P C E
O P E C
O C E P
O C P C
6

1º
E O P C
E O E P
E P E O
E P O E
E C P O
E C O P
6

1º
C O P E
C O E P
C P E O
C P O E
C E O P
C E P O
6

$6 \times 4 = 24$ sequências

Reflexões das professoras

Após a realização de cada uma das aulas de investigação, decorreram sessões de reflexão, que tinham como objetivo a análise e discussão, em grupo, sobre a forma como tinham decorrido as aulas de investigação, nomeadamente, sobre os principais problemas/dificuldades e as formas de os ultrapassar. Por vezes, essa reflexão deu lugar a uma reestruturação do plano das aulas seguintes. As principais reformulações decorreram das dificuldades dos alunos, identificadas no decorrer da aula e levaram a alterações nas tarefas propostas, nas estratégias utilizadas e nas interações com aos alunos.

Uma dificuldade que se registou desde a primeira aula foi a de cumprir a planificação elaborada, sendo, por vezes, necessário reduzir o número de tarefas previstas para cada aula. Outra dificuldade com que as professoras se depararam foi a necessidade selecionar na própria aula uma resolução da tarefa para a discussão. A este propósito Silvia afirmou:

> *A minha maior dificuldade foi essa. Selecionar bem o [grupo] que devia ir ao quadro, para depois, a partir de aí, explorar as outras resoluções. Eram muitas tarefas [resoluções] ao mesmo tempo. É difícil ir vendo como é que cada grupo fez.*

A estratégia de envolver os alunos na discussão, de forma a promover a aprendizagem de todos, incluindo os que não tinham conseguido concluir a tarefa com sucesso, foi um grande desafio para as duas professoras. A este propósito, Silvia estabeleceu uma comparação com a estratégia que seguia habitualmente:

> *Quando iam ao quadro uns que tinham certo, depois aquilo ficava um bocado monótono, porque depois não tem muito por onde explorar. Se for o errado, claro que há muito mais por onde explorar. Acho que essa foi a maior dificuldade. Organização das apresentações.*

Carolina também reconheceu a complexidade desta ação, mas, ao mesmo tempo, compreendeu a necessidade e a importância desse trabalho para promover uma discussão coletiva rica e esclarecedora:

> *Senti dificuldade em selecionar naquela hora, naquele momento, qual era o grupo que tinha a melhor atividade ou o melhor erro para expor à turma e a partir daquele erro enriquecer a atividade. Qual é o grupo que eu vou mandar em primeiro lugar? Aí é difícil naquele momento decidir isso.*

Apesar das dificuldades que foram encontrando na abordagem exploratória, as professoras mostraram-se entusiasmada e Silvia afirmou:

> *Se tivermos mais prática neste tipo de atividade, depois também nos organizamos melhor. Com a prática vamos arranjando uma estratégia de pôr aquilo em prática. Se fizer isso, duas ou três vezes, à terceira já sou craque, mas tenho de praticar primeiro.*

Também Carolina fez um balanço positivo da sua experiência:

> *Esta [abordagem] foi mais desafiante, porque fez-nos pensar ao contrário. Normalmente é despejar a matéria e aqui foi ao contrário: que atividades vamos dar aos alunos para eles é que chegarem lá?*

Carolina destacou também o facto de os alunos compreenderem o significado das operações combinatórias e de deduzirem as fórmulas, a partir da noção de fatorial de um número natural, percebendo quando e porque as devem aplicar:

> *Focávamo-nos mais na fórmula [antigamente]. A gente explicava como é que se utiliza a fórmula. Aqui não. Eles até resolveram sem a fórmula e agora [só depois viam] como é que se pode usar a fórmula se for um caso mais dados.*

Por seu lado, Sílvia destacou o papel central dos alunos na sala de aula, como construtores do próprio conhecimento:

> *Os alunos chegarem às conclusões e exporem-nas, porque normalmente é ao contrário. Normalmente nós é que os ajudamos ou tiramos as conclusões e comunicamos, não é propriamente assim. É essa a grande diferença. Serem eles a construir o próprio conhecimento.*

O trabalho de grupo foi outro aspeto salientado pelas professoras. Carolina destacou as grandes diferenças da abordagem exploratória, relativamente ao ensino tradicional e expositivo que habitualmente praticavam:

> *O facto que lhes dar tempo, de eles trabalharem em grupo, ao seu ritmo e de pensarem todos juntos. Porque normalmente nós não fazemos isso. Habitualmente, uma aula normal de Matemática, é fazer muitos exercícios. Aqui não, eles faziam as coisas ao seu ritmo. O objetivo não era fazer o maior número de exercícios, mas que eles aprendessem aqueles que estavam ali. A maior diferença foi essa.*

As professoras reconheceram a necessidade de uma mudança de práticas em sala de aula de modo a promoverem melhores aprendizagens. Carolina afirmou que:

> *Acho que é uma estratégia boa e que temos de repensar nas nossas práticas. Desde as primeiras aulas os alunos estavam a gostar muito. A gente, mesmo que queira fazer, nunca faz, com medo de perder tempo. Que eu acho que acaba por ser um mito, porque eu acho que não se perde tempo, ganha-se de outra maneira. Mas acho que isso foi positivo. Estruturar de maneira diferente a aula, acho que isso foi bom.*

Silvia também pareceu muito satisfeita com o papel que os alunos assumiram:

> *Eles [alunos] têm um papel muito mais ativo do que nas outras[aulas]. São eles a construir, são eles a fazer, são eles a chegar às conclusões. Acho bom. nunca mais se esquecem daquilo que aprenderam sozinhos.*

As professoras enfatizaram a influência que a abordagem de ensino e aprendizagem exploratória e a nova planificação elaborada para o tema da Análise Combinatória tiveram nas aprendizagens realizadas pelos alunos durante as aulas da experiência de ensino. Recordaram a compreensão das operações combinatórias, que emergiu das práticas desenvolvidas durante a resolução das tarefas. Deste modo, a compreensão dos conceitos não se reduziu à aplicação de fórmulas ou definições, passando a ter significado para os alunos. É o que refere Carolina:

> *Eles [alunos] tiveram mesmo de pensar para chegar lá. Claro que isso é positivo e é uma aprendizagem para a maior parte deles. Os alunos falavam e sabiam do que é que estavam a falar. Porque foram eles que chegaram lá, foram eles que trabalharam.*

Tal como Carolina, Silvia mostrou reconhecer a mudança do seu papel de detentora do conhecimento para facilitadora da aprendizagem:

> *Mais do que estarmos nós no quadro é estarmos a puxar e a conduzi-los... Porque são eles a aprenderem sozinhos, a tentarem chegar lá sozinhos.*

Carolina comparou as duas formas de trabalho e, embora reconhecesse que são duas formas distintas que podem igualmente promover as aprendizagens, considera que, através do trabalho exploratório, os alunos fizeram aprendizagens mais significativas.

> *São maneiras diferentes de ver as coisas. Da outra maneira também chegam lá e aprendem, mas aqui foi mais por eles e sendo por eles acho que fica mais interiorizado. Compreenderam as razões, porque é que se faz e não foi só fazer por fazer.*

Na dinamização das aulas em três fases, a escolha de tarefas desafiantes e sua realização em sala de aula, a gestão do trabalho autónomo dos alunos e a organização e condução de discussões coletivas constituem aspetos essenciais para a aprendizagem dos alunos e, como tal, uma faceta importante do trabalho do professor. Nas entrevistas individuais, Sílvia e Carolina assinalaram, com maior clareza, as principais dificuldades que sentiram. Reconheceram que inicialmente sentiram grande dificuldade nas suas interações com os alunos na fase de trabalho autónomo. A mudança do papel do professor é difícil e requer um trabalho contínuo, tal como a gestão da discussão coletiva das tarefas, como Carolina reconhece:

> *Inicialmente, eu se calhar cometi este erro... Dar dicas para os conduzir e quando se dava muitas dicas, já não fazia muito sentido a atividade em si, porque os alunos facilmente chegavam lá. Acho que o professor tem de gerir muito bem e pensar muito bem naquilo, que vai dizer... Acho que é mais levantar questões e não os direcionar tanto.*

Também Silvia mostrou compreender o seu papel ao dar exemplos das questões que podia colocar aos alunos quando estes estão a explorar uma tarefa:

> *Fazer-lhes perguntas se eles estiverem no caminho errado, para pensarem se aquilo está ou não está certo. A ideia não é dizer a resposta, então é se calhar perguntar, mas porque é que fizeste assim? E se for da outra maneira? Ir colocando questões que os façam pensar se aquilo que eles fizeram está ou não está certo.*

Foi sempre com muito entusiasmo que as duas professoras participaram em todas as sessões do estudo de aula e se apropriaram de uma nova abordagem ao tema da Análise Combinatória e de uma metodologia de ensino e aprendizagem exploratório, encarando estas aprendizagens como uma clara oportunidade de desenvolvimento profissional. É o que diz Carolina:

> *Quando saímos da zona de conforto é sempre desafiante, e neste caso gratificante, porque acho que se aprendeu bastante.*

Acrescentou ainda que:

> *O tema da Análise Combinatória foi sempre um tema em que eu nunca vou muito à vontade... Eu tenho sempre receio, porque tenho algumas dificuldades em português e depois tem enunciados que eu leio e depois interpreto de uma maneira e depois é outra. É um tema em que nunca me sinto muito à vontade, nem é daqueles temas que eu adoro... Agora leio um enunciado e já não sinto aquele receio que sentia.*

Uma vez mais, Carolina valorizou a planificação detalhada, realizada durante as sessões do estudo de aula e as diversas oportunidades que tiveram para discutir e refletir sobre os processos de ensino e aprendizagem da disciplina. O seu balanço final é muito positivo, repleto de novas aprendizagens e descobertas. Destacou alguns dos aspetos que mais valorizou neste percurso:

> *Se calhar foi de termos discutido mais juntas. Nunca tínhamos perdido tanto tempo a planificar, a discutir. E aquela parte da planificação em que estamos a pensar como é que os alunos vão pensar, isso tudo nos faz também pensar de outra maneira. Só o sentar e preparar as tarefas para*

a aula e pensar como é que os alunos vão resolver, só isso já é muito bom. Foi um desafio e valeu a pena.

Carolina fez um balanço positivo da sua participação no estudo de aula:

Acho que foi positivo, valeu a pena.... Acho que nós ganhámos muito com esta experiência. Tu já vens com uma visão diferente das coisas... E a gente, ao conversar e partilhar, também aprende. Eu acho que foi gratificante.

Sílvia concordou que a planificação foi muito bem delineada, devido ao trabalho profundo que realizaram e muito diferente do que faziam habitualmente. Manifestou mesmo vontade de repetir a experiência, alargando, se possível, a outros anos de escolaridade:

Gostei, foi diferente. Dá um pouco mais de trabalho. Logo que possa vou repetir e se calhar também noutros anos. Pensar no básico também. No básico há mais capítulos propícios a eles tirarem este tipo de conclusões sozinhos.

Sílvia e Carolina referiram algumas das características do trabalho realizado no estudo de aula, identificando-as prontamente como impulsionadoras do sucesso da experiência de ensino, nomeadamente: i) o trabalho colaborativo e reflexivo realizado; ii) a planificação detalhada das aulas de investigação; e iii) o papel ativo dos alunos, como construtores das suas aprendizagens.

Discussão

Planificar uma sequência de sete aulas para lecionar a alunos do 12.º ano, considerando uma abordagem ao tema da Combinatória muito diferente do habitual e uma estratégia de ensino e aprendizagem nova para as professoras, foi para elas um grande desafio. Sílvia e Carolina compreenderam desde o início que a sua participação no estudo de aula, mais do que isso, seria uma oportunidade de trabalhar de forma colaborativa e reflexiva, de discutir e aprender questões importantes sobre o ensino e a aprendizagem da disciplina e de trabalhar com um modelo diferente de organização da aula.

Nas sessões de planificação da experiência de ensino, as professoras e a facilitadora trabalharam em conjunto na construção e seleção da sequência de tarefas, prevendo diferentes estratégias de resolução, preparando a sua exploração em sala de aula e tentando antecipar as dificuldades dos alunos. Organizaram ainda os momentos de discussão coletiva e as sínteses finais para todas as aulas da sequência. No fundo, prepararam em detalhe uma sequência de sete aulas de investigação. O trabalho realizado ao longo destas sessões proporcionou, como referem Ponte et al. (2014), oportunidades para Sílvia e Carolina aprofundarem o seu conhecimento didático, quer sobre a disciplina e os conteúdos que lecionam, quer sobre o trabalho desenvolvido em sala de aula. Como sugerem os autores, houve lugar ainda para uma reflexão sobre a eventual pertinência de mudança de práticas em sala de aula. Isso mesmo foi assumido pelas professoras, durante as entrevistas finais.

As opções didáticas consideradas na planificação das aulas privilegiaram a compreensão dos conceitos das operações combinatórias e a construção das suas fórmulas, como forma de lhes atribuir significado (Reed & Lockwood, 2021). A lecionação das aulas de investigação revelou agradáveis surpresas, pelo interesse e entusiamo dos alunos na realização das tarefas propostas e pela forma como foram capazes de construir generalizações, a partir do trabalho realizado na resolução das tarefas. A complexa dinâmica criada na sala de aula colocou as professoras perante diversos desafios (Stein et al., 2008), cabendo-lhes, por exemplo, a função de incentivar os alunos a interpretar, criar estratégias, argumentar, discutir, expor as suas resoluções e questionar as resoluções dos colegas. Ao longo do processo, com a lecionação da sequência de aulas de investigação e respetivas reflexões pós-aula, foi saliente a transformação na forma como as professoras geriam o trabalho e a comunicação nas diferentes fases da aula.

Conclusão

Este estudo de aula, subordinado ao tema da Análise Combinatória, do 12.º ano de escolaridade, com a realização de uma sequência de sete aulas de investigação, constituiu um desafio e uma responsabilidade acrescida para as professoras participantes. Contudo, esta complexidade revelou-se, não uma adversidade, mas uma oportunidade de desenvolvimento profissional para ambas.

Os estudos de aula respeitam a natureza complexa do ensino e geram conhecimento que é utilizado de imediato, uma vez que têm em conta o ensino, quando este acontece. As características deste processo formativo viabilizaram a prática de um trabalho colaborativo e reflexivo de duas professoras na planificação de uma sequência didática. A possibilidade de realizar várias aulas de investigação, permitiu analisar, refletir e reformular de forma contínua e consciente o trabalho efetuado com os alunos ao longo das aulas da experiência de ensino.

Apesar de dinâmicas e motivadas, nenhuma das professoras tinha experiência de trabalho, em sala de aula, seguindo uma abordagem exploratória. Para Sílvia e Carolina, a participação no estudo de aula representou uma oportunidade de aprenderem questões importantes sobre o ensino e a aprendizagem da disciplina, sobre os processos de raciocínio dos alunos, as suas dificuldades e ainda sobre a própria dinâmica da aula. Como sublinharam as professoras nas entrevistas finais, todas as experiências vividas foram muito enriquecedoras e gratificantes, porque permitiram trabalhar com os alunos de uma forma completamente diferente da que estavam habituadas. Assim, os resultados evidenciam as potencialidades e contribuições do estudo de aula no desenvolvimento profissional das professoras, que realizaram significativas aprendizagens sobre os processos de ensino e aprendizagem da Matemática, nomeadamente, sobre o importante papel do trabalho realizado na planificação das aulas, sobre o modo de promover os processos de raciocínio dos alunos e sobre a abordagem de ensino exploratório.

Referências

Ball, D.L., Thames, M.H., & Phelps, G. (2008). Content knowledge for teaching: What makes it special? *Journal of Teacher Education, 59*(5), 389-407. https:// doi. org/10.1177/0022487108324554.

Batanero, M. C., Godino, J.D., & Navarro-Pelayo, V. (1996). *Razonamiento combinatorio*. Síntesis.

Batanero C., Navarro-Pelayo V., & Godino J. (1997). Combinatorial reasoning and its assessment. In I. Gal & J. B. Garfield (Eds.). *Assessment challenge in statistics* education (239-252). IOS Press.

Canavarro, A.P. (2011). Ensino exploratório da matemática: Práticas e desafios. *Educação e Matemática, 115,* 11-17.

English, L.D. (2005). Combinatorics and the development of children's combinatorial reasoning. In G. A. Jones (Ed.). *Exploring probability in school: Challenges for teaching and* learning (pp. 121–141). Springer.

Fujii, T. (2014). Implementing Japanese lesson study in foreign countries: Misconceptions revealed. *Mathematics Teacher Education and Development, 16*(1), 119-135.

Fujii, T. (2018). Lesson study and teaching mathematics through problem solving: The two wheels of a cart. In M. Quaresma et al. (Eds.). *Mathematics lesson study around the world: Theoretical and methodological issues* (pp. 1-21). Springer.

Kapur, J.N. (1970). Combinatorial analysis and school mathematics. *Educational Studies in Mathematics, 3*(1), 111–127.

Lockwood, E. (2011). Student connections among counting problems: an exploration using actor-oriented transfer. *Educational Studies in Mathematics, 78,* 307–322. DOI: 10.1007/s10649-011-9320-7.

Lockwood, E. (2014). A set-oriented perspective on solving counting problems. *For the Learning of Mathematics, 34*(2), 31–37.

Lockwood, E., Wasserman, N. H., & Tillema, E. S. (2020). A case for combinatorics: A research commentary. *The Journal of Mathematical Behavior, 59.* http://dx.doi.org/10.1016/ j.jmathb.2013.02.008.

Ponte, J.P. (2005). Gestão curricular em matemática. Em GTI (Ed.), *O professor e o desenvolvimento curricular* (pp.11-34). APM.

Ponte, J.P., Mata-Pereira, J., & Henriques, A. (2012). O raciocínio matemático dos alunos do ensino básico e do ensino superior. *Práxis Educativa, 7*(2), 355-377.

Ponte, J.P., Mata-Pereira, J., & Quaresma, M. (2013). Ações do professor na discussão de discussões matemáticas. *Quadrante, 22*(2), 55-81.

Ponte, J.P., Quaresma, M., Mata-Pereira, J., & Baptista, M. (2016). O estudo de aula como processo de desenvolvimento profissional de professores de matemática. *Bolema*, *30*(56), 868 – 891. http://dx.doi.org/10.1590/1980-4415v30n56a01.

Ponte, J.P., Quaresma, M., Baptista, M., & Mata-Pereira, J. (2014). O estudo de aula como processo colaborativo e reflexivo de desenvolvimento profissional. In: J. Sousa & I. Cevallos (Eds.). *A formação, os saberes e os desafios do professor que ensina matemática* (pp. 61-82). CRV.

Ponte, J.P., Quaresma, M., & Mata-Pereira, J. (2020). Como desenvolver o raciocínio matemático na sala de aula. *Educação e Matemática*, *156*, 7-11.

Reed, Z., & Lockwood, E. (2021). Leveraging a categorization activity to facilitate productive generalizing activity and combinatorial thinking. Cognition and Instruction. https://doi.org/10.1080/07370008.2021.1887192.

Roa, R., Batanero, C, & Godino, J. (2003). Estrategias generals y estrategias aritméticas en la resolución de problemas combinatorios. *Educación Matemática*, *15*(2), 5–25.

Silva, D.N., Fernandes, J.A., & Soares, A. J. (2004). Intuições de alunos do 12.º ano em combinatória: um estudo exploratório. *Atas do I Encontro de Probabilidades e Estatística na Escola*, (pp.61-84).

Sriraman, B., & English, L.D. (2004). Combinatorial mathematics: research into practice. *The Mathematics Teacher*, *98*(3), 182-191.

Stein, M., Engle, R., Smith, M., & Hughes, E. (2008). Orchestrating productive mathematical discussions: five practices for helping teachers move beyond show and tell. *Mathematical Thinking and Learning*, *10*(4), 313–340.

Stigler, J.W., & Hiebert, J. (1999). *The teaching gap*. The Free Press.

A seleção do tópico a ensinar Matemática em um Estudo de Aula no Sul do Brasil

Marta Cristina Cezar Pozzobon[1]

Introdução

Em processos formativos desenvolvidos por estudo de aula (lesson study), um grupo de professores trabalha conjuntamente em torno de uma aula, selecionando um tópico a ensinar, planejando a aula em detalhes, observando a aula lecionada por um professor e depois discutindo e refletindo sobre ela, na perspectiva da aprendizagem dos alunos (FUJII, 2015; 2018; PONTE *et al.*, 2016). Esse processo formativo, que se originou no Japão e foi adaptado para outros países, está centrado na prática profissional, principalmente na prática letiva, com a intencionalidade de aprimoramento dessas práticas e das aprendizagens dos alunos (FUJII, 2018; STIEGLER; HIEBERT, 1999). As práticas letivas envolvem as ações para ensinar, como as tarefas, os materiais, a comunicação em sala de aula, a gestão curricular e a avaliação (PONTE; SERRAZINA, 2004).

A preparação de uma aula assume um papel central em processos formativos de estudo de aula, pois a aula precisa ser planejada detalhadamente, descrevendo tarefas, prevendo acontecimentos e estratégias usadas pelos alunos (PONTE; QUARESMA; MATA-PEREIRA, 2015). Neste sentido, a escolha do tópico (conteúdo) se constitui uma parte importante em um estudo de aula, pois envolve o estudo cuidadoso do currículo, a leitura de artigos e outros materiais, ou seja, o estudo de materiais para o ensino (TAKAHASHI; MCDOUGAL, 2016). Na primeira etapa de um estudo de aula, há a preocupação com o estudo do conteúdo matemático, com os materiais de ensino, com as aprendizagens e as dificuldades dos alunos, com as orientações curriculares

---

1   Universidade Federal de Pelotas – UFPel

e livros didáticos (os livros, principalmente no contexto japonês) (LEWIS; PERRY, 2017).

Com isso, consideramos, neste texto, um estudo de aula realizado no Sul do Brasil no início do ano letivo de 2023, com professoras dos anos finais do Ensino Fundamental (6.º ao 9.º ano), na perspectiva de compreender como o grupo selecionou o tópico a ensinar. Questionamos: a) O que foi considerado na escolha do tópico a ensinar? b) Quais os elementos foram abordados na seleção do tópico a ensinar? Na perspectiva de responder às questões investigativas, realizamos uma pesquisa de natureza qualitativa, com viés interpretativo, a partir da vivência e adaptação de um ciclo de estudo de aula.

Discussões teóricas

Estudo de Aula

Em processos formativos de estudo de aula há a preocupação com ensino e com a aprendizagem, pois o foco está na aula, entendida como uma unidade que precisa ser analisada, aprimorada e planejada (PONTE; QUARESMA; MATA-PEREIRA, 2015; STIGLER; HIEBERT, 1999). De acordo com Lewis (2016), os ciclos desenvolvidos por estudo de aula, fundamentados na prática letiva, promovem a melhoria do ensino, ao desencadearem quatro elementos básicos, que são: o conhecimento dos professores; a crença e disposição dos professores, que envolve conhecer o pensamento do aluno e acreditar na sua capacidade para aprender; a comunidade de professores, que envolve as práticas colaborativas e o currículo, que considera as tarefas, os materiais de ensino; as tarefas a ensinar e os materiais de ensino.

Neste contexto, o estudo de aula está centrado nas práticas letivas e é desenvolvido dentro do contexto escolar, em que os professores assumem papéis centrais no desenvolvimento desse processo formativo (PONTE *et al.*, 2018), focando na aprendizagem dos alunos. Ou seja, o estudo de aula é um processo formativo de desenvolvimento profissional, que está relacionado com a prática de sala de aula, na perspectiva de mudanças, tanto no ensino, como na aprendizagem (FUJII, 2018; STIGLER; HIEBERT, 1999).

Desse modo, o grupo envolvido em um estudo de aula identifica um problema de aprendizagem ou um conceito inserido recentemente no currículo, seleciona um tópico a ensinar, pesquisa as orientações curriculares, estuda sobre o tópico, seleciona tarefas, organiza o plano de aula, um membro do grupo leciona a aula e os outros observam e depois discutem e refletem sobre a aula, enfatizando as aprendizagens dos alunos. Essas ações se estruturam conforme algumas etapas do estudo de aula, originário no contexto japonês, que conforme Fujii (2018) são: a) definição do objetivo; b) planejamento de uma aula de investigação; c) observação de uma aula lecionada por um dos participantes; d) discussão pós-aula e reflexão.

É nas etapas da definição do objetivo e planejamento que o grupo que participa do estudo de aula, seleciona o tópico a ensinar, pesquisa e estuda sobre o tópico, o conteúdo a ensinar na aula de investigação (MURATA, 2011; TAKAHASHI; MCDOUGAL, 2016). Isso é fundamental para o processo de aprendizagem dos alunos e para o desenvolvimento da prática profissional dos professores, ou melhor, do exercício da docência, que contempla o trabalho do professor, o ensino, na perspectiva da aprendizagem dos alunos (PONTE *et al.*, 2012).

O tópico a ensinar em um estudo de aula

Como dissemos anteriormente, em processos formativos de desenvolvimento profissional, desencadeados por estudo de aula, os professores trabalham em grupo, na perspectiva de identificarem as dificuldades dos alunos em um conteúdo ou tópico a ensinar, para que assim possam planejar uma aula que será organizada para ser lecionada por um dos professores e observada pelos outros participantes do grupo (PONTE *et al.*, 2016). O estudo de aula pode oportunizar o aprofundamento do tópico escolhido para ensinar, compreendendo o seu lugar no currículo e exigindo estudos em relação aos materiais resultados de investigações sobre o tópico. Por isso, é importante, além de compreender as implicações curriculares em relação a escolha do tópico a ensinar, entender os conceitos matemáticos envolvidos, dentre outros aspectos como mostramos na figura 1.

Figura 1 – Escolha do tópico

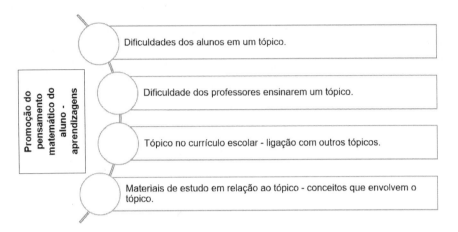

Fonte: Adaptado de Fujii (2014), Ponte *et al.* (2016) e Takahashi e Yoshida (2004)

O tópico a ensinar, em um estudo de aula, é geralmente desencadeado a partir das dificuldades dos alunos ou de questões relacionadas ao currículo, as diretrizes curriculares (PONTE *et al.*, 2018). Ou, como abordam Fujii (2014), Ponte et al. (2016) e Takahashi e Yoshida (2004), o tópico pode ser selecionado pelas dificuldades dos professores em ensinar determinado tópico, do estudo dos materiais de ensino, na perspectiva de selecionar os conceitos que estão envolvidos no mesmo. Como alerta Fujii (2014), a escolha do tópico assume um papel fundamental na busca de promoção do pensamento matemático do aluno, pois isso faz parte de objetivos educacionais que ultrapassam o planejamento de aula, ancorando-se em objetivos mais amplos.

Durante o estudo de aula, os professores trabalham de modo colaborativo para a escolha e seleção do tópico a ensinar, envolvendo-se no estudo de materiais instrucionais e de ensino ou como apontam Lewis *et al.* (2019), com o estudo do currículo e do conteúdo. Nesta fase do planejamento, os professores estudam sobre as tarefas, as estratégias de resolução e as dificuldades dos alunos, definindo o objetivo da aula que será lecionada (PONTE; QUARESMA; MATA-PEREIRA, 2015).

Fernandez, Cannon e Chokshi (2003) chamam a atenção que um grupo de professores estadunidenses ao participarem de um estudo de aula, juntamente com professores japoneses, defenderam a escolha de um tópico original, que fosse envolvente aos colegas que assistiram a aula. Os autores destacam que esses professores justificaram que o tópico não deveria ser "chato" e sim motivacional. Em contradição a essas ideias, os professores japoneses orientavam que o tópico deveria ser selecionado mediante a possibilidade de colaborar com as aprendizagens dos alunos, alertando que o tópico seja escolhido, considerando as aprendizagens anteriores e posteriores, talvez escolhendo tópicos que sejam centrais nas orientações curriculares (FERNANDEZ; CANNON; CHOKSHI, 2003).

Nesta linha, Fujii (2014) aborda que a escolha do tópico assume um papel importante no estudo de aula, pois pode ser selecionado pela dificuldade dos professores ensinarem, pela dificuldade dos alunos, pelos equívocos surgidos pelo tópico ou ainda se é um conteúdo que foi introduzido a pouco tempo no currículo. Porém, em pesquisa realizada pelo autor, algumas das justificativas para a escolha do tópico se baseou na simplicidade do conteúdo para o professor ou na preferência em lecioná-lo (FUJII, 2014). E, ainda, Takahashi e McDougal (2016) alertam que o tópico a ensinar precisa trazer algum desafio, tanto para o aluno, como para o professor, colaborando para a definição do objetivo, para a escolha dos materiais instrucionais, para o planejamento da tarefa e para a previsão das dificuldades e possibilidades de resolução pelos alunos. Quanto mais houver o aprofundamento do tópico a ensinar, mais os professores se tornarão conhecedores sobre o conteúdo, conseguindo prever o processo de aprendizagem dos alunos e estes conseguirão aprender sobre o que está sendo ensinado (MURATA, 2011).

Metodologia

A pesquisa produzida, neste capítulo, é de natureza qualitativa, com viés interpretativo (BOGDAN; BIKLEN, 1994), em que consideramos uma vivência de estudo de aula. O grupo que vivenciou o estudo de aula se constituiu de três professoras de uma escola da rede municipal, no Sul do Brasil, identificadas de modo fictício como Maria, que atua com as turmas do 6.º ano, Sandra com as turmas do 7.º e 8.º anos e Carla com as turmas do 8.º e 9.º anos, também da facilitadora[2], que exerceu o papel de investigadora, e de uma aluna

---

2 Salientamos que o termo facilitador é usado para denominar um membro que organiza, conduz e colabora com o estudo de aula. Isto é, ao mesmo tempo que é um organizador, um formador, um investigador, é membro do grupo (CLIVAZ; CLERC-GERGY, 2020).

do mestrado em Educação Matemática, que exerceu o papel de observadora. É importante salientar que as três professoras têm formação em Matemática. Maria atua com a disciplina desde 2018, Sandra atua desde 2007 e Carla desde 2008.

O estudo de aula foi desenvolvido de março a maio de 2023[3], adaptando as etapas ao proposto por Fujii (2018), como trazemos no quadro 1.

Quadro 1 – Etapas e sessões do estudo de aula

Etapas	Sessões
Definição do Objetivo	Sessões 1, 2 e 3: a) Definição do tópico a ensinar (divisão); b) Conversa sobre a dificuldade dos alunos; c) Estudo dos documentos curriculares (Base Nacional Comum Curricular) sobre o tópico a ensinar; d) Estudo de alguns materiais sobre o ensino de divisão; e) Definição do objetivo da aula.
Planejamento da aula de investigação	Sessão 4, 5 e 6: a) Exploração de tarefas envolvendo divisão; b) Organização das tarefas de diagnóstico; c) Organização da tarefa da aula; d) Antecipação dos modos de resolução pelos alunos.
Condução da aula	Sessão 7: A aula foi conduzida por Maria em uma turma do 6.º ano.
Discussão pós-aula	Sessão 8: Conversa sobre a aula e reflexões sobre o ciclo de estudo de aula.

Fonte: elaborado pela autora

Diante do quadro 1, salientamos que nos ativemos a primeira etapa, que envolve as três primeiras sessões e o início da etapa do planejamento, a sessão 4, em que os dados foram coletados a partir da gravação em áudio e da transcrição. Para a análise nos inspiramos na análise de conteúdo de Bardin (2021), realizando: a) leitura na íntegra da transcrição de todas as sessões, depois a seleção das quatro primeiras; b) leitura cuidadosa, destacando algumas temáticas recorrentes: dificuldades dos alunos; objetivo da aula; ensino e aprendizagem de Matemática; tópico a ensinar; divisão; documentos curriculares (Base Nacional Comum Curricular - BNCC); c) separação dos excertos, considerando as temáticas; d) escolha de temáticas e organização das categorias e subcategorias, que emergiram dos dados e do referencial teórico. No quadro 2, trazemos as temáticas, categorias e subcategorias.

---

3   O ano letivo começou em fevereiro de 2023.

Quadro 2 – Temáticas e categorias

Temáticas de análise	Categorias e subcategorias
Escolha do tópico a ensinar	Dificuldade dos alunos: a) Registros e representações; b) Linguagem matemática; c) Conteúdo matemático.
Elementos na seleção do tópico a ensinar	Seleção do tópico a ensinar: d) Conteúdo base; e) Orientações curriculares; f) dificuldades das professoras de ensinar; g) Continuação do ensinado em sala de aula.

Fonte: elaborado pela autora

Na próxima seção, apresentamos os resultados, considerando a seguinte codificação para a apresentação dos excertos: S11 – Sessão 1, excerto 1; S28 – Sessão 2, excerto 8.

Resultados

Escolha do tópico a ensinar

Para a escolha do tópico a ensinar, as dificuldades dos alunos foram significativas, pois as professoras expressaram o descontentamento em relação às aprendizagens e os registros dos alunos, a defasagem de conteúdo/ano escolar, as questões conceituais, a linguagem matemática e o registro dos alunos. Maria aponta que os alunos têm dificuldade de abstrair e acrescenta que não fazem registros para resolver as operações matemáticas, justificando que isso seja devido a pandemia, nos anos de 2020 e 2021.

> Maria: Outra coisa que eu tenho percebido, quando eu recebia os alunos, isso antes, pré-pandemia, quando eles não sabiam, eles pelo menos tentavam com bolinha, a cada bolinha eles iam riscando, que era o método da subtração, iam riscando. E eles tentavam, de alguma forma, descobrir. Agora, nem isso.
>
> Facilitadora: Não tentam resolver, tu achas?
>
> Maria: Não conseguem tentar, não conseguem fazer, porque faltou essa parte da escrita. A gente enviava em 2020, foram Google Forms.
>
> Facilitadora: Sim, sim.
>
> Maria: Depois é que a gente começou a alterar alguma coisa. Então, eu tenho sentido que o que falta neles é essa tentativa de rabisco.
>
> Facilitadora: De fazer o registro.

Maria: De pegar e colocar bolinha, nem que seja bolinha, para depois ir cortando. Antigamente, tu enxergavas muito isso, quando eles vinham para o 6.º ano. (S31)

Essa preocupação também é expressa pelas outras professoras, pois esse modo de registrar de forma pictórica, com "risquinhos", ainda se mantém com alguns alunos nos últimos dois anos do Ensino Fundamental (8.º e 9.º anos), como dizem as professoras:

Carla: Porque eu tenho, alguns chegam no oitavo, nono, fazem pauzinho. Aí me chega e me dá até um negócio.

Sandra: Eu tenho no 9.º.

Maria: Tem aquele monte de pauzinho...?

Sandra: A gente tem no 9.º. No 9.º ainda tem.

Carla: Mas e aí se eles não fazem os pauzinhos, como é que eles fazem?

Facilitadora: Mas deveriam fazer outras representações.

Sandra: Já teriam que ter avançado. (S32)

Nessa linha de dificuldades, as professoras apontam em relação ao entendimento dos alunos quanto ao significado dos termos, da própria linguagem matemática, como traz a professora Maria:

Maria: Eu digo, vamos dividir por dois, a metade disso, quanto é que é? Até compreender que é metade. 30 divido por dois, quanto é que é? A metade de 30? Aí eles sabem. (S23).

E, na continuação, a professora traz um exemplo da dificuldade dos alunos, contando, que:

> Maria: Na última aula [...], eu fiz o Stop da Matemática[4] e uma das colunas era multiplicar por dois, o dobro e dividir por dois, a metade. Quando eu falava metade, dobro, eles não entendiam. [...], mas quando eu colocava assim [...], é multiplicado por dois, o dobro, gente, aí eles respondiam. Aí isso eles sabem. (S44)

As professoras relatam que as dificuldades em relação a linguagem matemática perpassam desde o 6.º ano, prolongando-se até o final do Ensino Fundamental (9.º ano):

> Maria: Também tinha muita essa coisa de eles não me entenderem... Eu falo subtração, aí eu tinha que parar. Não, eu tenho que falar continha de menos... Eu não estava acostumada a falar continha de menos. No quinto ano eles já estavam com a subtração, aí eu só dava continuidade.
>
> Carla: Essa coisa de nome, eu coloquei na prova uma pergunta: produto. Que é que é isso?
>
> Maria: Não rola.
>
> Carla: Gente, produto é multiplicação.
>
> Maria: É que a gente não conseguiu, porque provavelmente os teus são 8.º e 9.º.
>
> Carla: Foi no 8.º, que eles perguntaram que é isso, professora.
>
> Maria: Provavelmente durante a pandemia eram termos que estavam escritos nas atividades e a leitura não facilitava. (S25)

Como destaca Maria, há uma preocupação em seguir as orientações da Secretaria de Educação, para que se ensine do menor para o maior, começando com números menores e depois vá aumentando. A professora aponta que tenta facilitar, ensinando a partir do que os alunos já sabem, mas tem a preocupação com a distância do que é ensinado e aprendido. Ressalta a necessidade de fazer

---

4   A professora se referia a um jogo organizado em uma tabela, em que os jogadores tentam completar as linhas o mais rápido possível. O primeiro jogador a completar a linha, grita Stop e os outros precisam parar o preenchimento e depois passam para a outra linha. Ganha o jogo quem tiver o maior número de acertos. Disponível em: https://mathema.com.br/jogos-e-atividades/stop/

os exercícios, de treinamento dos procedimentos, pois tem dúvida quanto a aprendizagem do ensinado:

> Maria: Eles estão comigo em milhar, vezes dezena. O algoritmo eles sabem. Agora, será que guardaram? Será que treinaram? Será que fizeram os temas? [...] porque eles têm treinado. Uma boa parte deles tem treinado. Assim, uns 60% da turma tem treinado. Porque eu tenho passado só a continha para fazer, sem os problemas do livro. Olha, uma boa parte não faz, porque não treinou. (S46)

E ressalta que, devido a pandemia há um atraso em relação aos conteúdos que deveriam ser trabalhados em cada ano, gerando a necessidade de retomar as operações de adição, subtração, multiplicação e divisão, com números naturais, mesmo que para o 6.º ano os documentos orientadores tragam essas operações, ampliando para a potenciação e radiciação[5]. E reforça, dizendo:

> Maria: [...] eu ainda estou fazendo a adição e a subtração, eu nem cheguei na multiplicação, eles ainda fazem muita confusão. Aí eu vou acompanhando. Ainda vou ter que continuar pegando o que eu estou fazendo, ter que continuar... Ainda vou ter que continuar pegando do 4.º, do 5.º ano. (S27)

Diante dessas dificuldades, as professoras reiteram que os alunos não sabem a operação divisão:

> Maria: Porque até então eu não passei, não fiz a revisão de divisão ainda. Olha, porque está complicada a multiplicação ainda. [...] eu estou plantada na multiplicação.
>
> Sandra: Eles não sabem a divisão?
>
> Maria: Não, não está rolando. (S38)

E, como salienta Maria: *"É, eu acho que... Eles ainda não consideram a divisão como uma conta possível de se fazer. Algo que... Um facilitador, ainda não é um*

---

5 Os documentos curriculares que orientam o ensino a nível nacional é a Base Nacional Comum Curricular (BNCC) e a nível municipal é o Documento Orientador Municipal (DOM), que segue as orientações nacionais.

facilitador". (S49) Com essas ideias, a divisão foi selecionada como um tópico a ser ensinado pelas professoras, em uma turma do 6.º ano.

Elementos na seleção do tópico a ensinar

Diante dessa escolha do tópico a ensinar, destacamos alguns elementos que foram apontados pelas professoras. Em relação à escolha do tópico, as professoras justificam por ser considerado a base de muitos outros conteúdos que precisam ser trabalhados do 6.º ao 9.º ano do Ensino Fundamental.

> Sandra: É suporte para o que a gente precisa aprender. É base.
>
> Carla: Você está lá fazendo um polinômio, trabalhando. E aí? E a divisão. Você está numa equação, você chega na Bhaskara lá e aí... (S110)

E justificam a escolha do tópico, pois é conhecido pelos alunos, mesmo que tenham dificuldade, pois já foi trabalhado em anos anteriores.

> Sandra: Fiquei pensando também a título de incrementar o trabalho como é um tema que todos os alunos já viram de alguma forma. Todos já estudaram, não é?
>
> Carla: Já conhecem. (S111)

E para que pudéssemos entender o que está proposto nos documentos curriculares, destacamos a necessidade de retomar o indicado em relação aos números e a operação divisão em anos anteriores ao 6.º ano.

> Facilitadora: Eu trouxe para termos uma ideia, porque vocês não trabalham com quarto e quinto ano.
>
> Maria: Não, não.
>
> Facilitadora: Mas é interessante saber o que diz, não quer dizer...
>
> Sandra: A gente não trabalha, mas tem que pegar o material lá. (S212)

A professora Sandra destaca a necessidade de conhecer como ensina a divisão e outros conteúdos, pois muitas vezes precisam buscar materiais de outros anos, diferente daqueles que estão atuando. E isso nos levou a considerar o que é proposto na BNCC do 4.º ao 6.º ano, na unidade temática Número, no que se refere à divisão com números naturais (quadro 3). No 7.º ano, encontramos referência aos múltiplos e divisores com números naturais e no 8.º ano, o princípio multiplicativo da contagem.

Quadro 3 – Operação Divisão na BNCC

4.º ano	5.º ano	6.º ano
Problemas envolvendo diferentes significados da multiplicação e da divisão: adição de parcelas iguais, configuração retangular, proporcionalidade e repartição equitativa e medida.	Faz-se referência ao sistema de numeração decimal, mas não traz sobre as operações com números naturais.	Operações (adição, subtração, multiplicação, divisão e potenciação) com números naturais. Divisão euclidiana.

Fonte: elaborado pela autora

Com essas ideias, trazemos que a escolha do tópico está relacionada com as dificuldades de aprendizagem dos alunos, que tratamos na subseção acima, mas, também, com as dificuldades de ensinar a operação no 6.º ano. A professora Maria conta que precisou aprender como ensinar a divisão:

> Maria: Como eu te contei da outra vez, eu tive que pedir ajuda para a professora Rose para introduzir a divisão no ano passado.
>
> Facilitadora: Por que não tinha sido trabalhado?
>
> Maria: Não, não tinha sido. Foi a distância e não sabemos quem é que fez aquelas folhinhas. Eu tive que dar o quarto, o quinto e o sexto num ano só. Tem que ensinar tudo isso. Eu tive que procurar estratégia com a professora do currículo, a Rose. Ela me explicou que pega canetas e divide as canetas. Junta as canetas. Divide por dois para eles terem a ideia. (S213)

A professora Maria ressalta que a escolha do 6.º ano para desenvolver a aula que será planejada, pode se justificar pelas suas dificuldades.

> Maria: Por mim não tem problema nenhum ser no 6.º, até pela minha própria dificuldade. [...] Eu já tenho a dica da Rose, do currículo. Agora anotei a ideia da Sandra, trabalhar com essa função do quanto eu tenho, da subtração também [...]. (S214)

A escolha da divisão, para ser trabalhada no 6.º ano, também seguiu o que a professora estava trabalhando com a turma.

> Maria: Olha eu que estou com o 6.º ano, eu ainda estou fazendo a adição e a subtração, eu nem cheguei na multiplicação, eles ainda fazem muita confusão. Aí eu vou acompanhando. Ainda vou ter que continuar pegando o que eu estou fazendo, ter que continuar... Ainda vou ter que continuar pegando do 4.º, do 5.º ano. Estou pegando ainda isso. (S215)

E, também, a professora Maria enfatiza a divisão com números naturais, não prevendo a exploração dos números racionais, nas representações fracionária e decimal. E reforça o que está trabalhando com a turma e o uso dos recursos para ensinar.

> Maria: Tu sabes o que a gente está fazendo? A gente está trabalhando agora a multiplicação. A gente está trabalhando com probleminhas e com material concreto. Meu Deus, eles mesmos dizem professora eu não sei fazer. Então, eu acho que vou demorar muito mais na multiplicação do que eu achei que eu fosse demorar. Trabalhar com material concreto para que eles..., para que eles consigam perceber essa função, porque, às vezes, se não tem o desenho, como é difícil deles entenderem. Tu sabes que eu trabalhei multiplicação com eles semana passada, em quadradinhos de EVA. Então, tu vias, assim, [...] alguns simplesmente colocavam 4 vezes 3, montes de... [...] E, agora alguns grupos já colocaram naquela forma retangular, organizadamente. Pelo menos isso. (S316)

Então, quando a facilitadora retoma o que pretendia trabalhar, as professoras trazem dúvidas sobre não trabalhar com outros conjuntos numéricos, além dos naturais e, também, não considerar a divisão euclidiana como proposto na BNCC (2018).

> Facilitadora: Vamos trabalhar nessa aula a relação ou vamos trabalhar nessa aula a ideia de... dividir que tenha com restos ou alguma coisa assim?

> Sandra: Eu acho que divisão com resto não precisa. (S317)

A professora Maria destaca que estava revisando as operações, começando pela adição, subtração e multiplicação e que devido o pouco tempo para a aula que será planejada, não terá explorado a divisão.

> Maria: É, porque vai ser lá em maio, dia 3 de maio essa aula seria. E eu tenho todo o mês de abril, para trabalhar essa parte. Estou terminando agora a multiplicação que vai ser essa semana. A próxima semana, atrasou uma semana, pretendo entrar na divisão mesmo. E aí provavelmente eu fico mais, porque eles têm muita dificuldade. Principalmente quando é para dividir com dezenas. (S318)

E Maria destaca como pretendia trabalhar com a divisão, considerando a representação retangular e com números que representam quantidades menores

> Maria: Eu estou pensando no que eu tinha programado de fazer. A primeira coisinha era 4 vezes 3, depois 3 vezes 4. Daí ele... Muitos fizeram aquela retangular... Aquela posição retangular dos quadradinhos. Muitos já de cara falaram, não, 4 vezes 3 é a mesma coisa que 3 vezes 4. Só a figura giraria. Mas trabalhei aí só a multiplicação. Como eles ficaram muito nesse 3 vezes 4 e 4 vezes 3, eu ia retomar direto para essa parte de novo. Só que eles já estariam com os 12 dispostos da forma que eles quisessem. Bom, e como é que eu consigo dividir isso em 4 grupos iguais, 3 grupos iguais, para depois passar para algum problema. Mas para eles visualizarem como essa parte da multiplicação que eles já tinham feito... (S319)

E explica como abordará a divisão, usando os materiais considerados na exploração da multiplicação.

Maria: Aí eu ia trabalhar de novo com esse mesmo resultado, só que já entregaria direto às 12 pecinhas. Eles que colocariam da forma que eles quisessem. Aí só ver quantos grupos dá para fazer de 4 pecinhas. Quantos grupos dá para fazer de 3. Trabalhar com um número pequeno, antes de montar o... É que a introdução da divisão eu vou dar por aí, eu acho que não vai ser naquela aula. Quando eles chegaram no dia 3, eu espero que a gente já tenha conseguido andar mais um pouco. (S320)

Com isso, mostramos alguns resultados em relação aos elementos que foram considerados na seleção do tópico a ensinar, a divisão.

Discussão

Na perspectiva de discutirmos sobre a escolha do tópico a ensinar em um estudo de aula, trazemos os resultados expressos nas categorias e subcategorias, organizados no quadro 4.

Quadro 4 – Categorias e subcategorias

Categorias	Subcategorias	Excertos ilustrativos
Dificuldade dos alunos	Registros e representações	S31; S32
	Linguagem matemática	S23; S44; S25
	Conteúdo matemático	S46; S27; S38; S49
Seleção do tópico a ensinar	Conteúdo base.	S110; S111
	Orientações curriculares.	S212; S317
	Dificuldade das professoras de ensinar.	S213; S214
	Continuação do ensinado em sala de aula.	S215; S316; S318; S319; S320

Fonte: elaborado pela autora

A escolha do tópico ocorreu ao longo das primeiras quatro sessões, trazendo sobre muitos elementos importantes em um estudo de aula. Um elemento importante para a escolha do tópico foi desencadeado pelas dificuldades dos alunos, principalmente as dificuldades de registros e representações, para expressarem os conhecimentos matemáticos (S31; S32). O estudo de aula normalmente se organiza com a identificação de uma dificuldade ou problema de aprendizagem dos alunos (PONTE *et al.*, 2014), para a definição do tópico, que desencadeará todo o processo de planejamento da aula que será lecionada. As professoras salientam que os alunos apresentam dificuldade de mostrar os conhecimentos matemáticos com registros, mesmo sendo de modo pictórico. A identificação das dificuldades dos alunos é o ponto de partida para a escolha do tópico a ensinar em um estudo de aula (TAKAHASHI; YOSHIDA, 2004).

Em relação à linguagem matemática, as professoras apontam que os alunos não entendem o significado de termos matemáticos (S23; S44; S25), tendo dificuldade na compreensão do proposto em aula e nas avaliações. A professora Maria justifica, dizendo que durante a pandemia, quando as aulas eram remotas, os alunos recebiam os materiais escritos e talvez não tenham entendido o significado do que estava escrito. Chamamos a atenção que os diferentes modos de representação são essenciais para o ensino e a aprendizagem de Matemática, pois as representações possibilitam a comunicação acerca da linguagem matemática. As representações envolvem vários sistemas, que vão desde a representação verbal, visual, formal, sendo que este último modo de representação contempla o uso de notações convencionais, que podem ser descritas como a linguagem matemática. Tais sistemas representacionais são essenciais na aprendizagem matemática, ou seja, é preciso mobilizar diferentes representações, para que as aprendizagens se efetivem (MAINALI, 2021).

Isso nos leva a destacar as dificuldades em relação aos conteúdos matemáticos, principalmente o descompasso entre o ano escolar e os conteúdos, levando a retomada de conteúdos escolares de anos anteriores ao que é proposto nos documentos curriculares (S46; S27). A professora Maria aponta que a operação divisão não foi retomada com as turmas de 6.º ano, pois, ainda, está revisando a multiplicação e percebe que os alunos não usam a operação para resolver os problemas matemáticos (S38; S49). Na perspectiva do estudo de aula é importante considerar os conhecimentos prévios e as dificuldades dos alunos, para a escolha do tópico a ensinar e para a definição do objetivo da aula, para que haja um investimento nas aprendizagens dos alunos. De acordo com Ponte *et al.* (2016, p. 869), o "estudo de aula começa com a identificação pelos professores de um problema relevante na aprendizagem dos alunos", para que depois, os participantes planejem uma aula, "considerando as orientações curriculares, os resultados de investigação sobre a aprendizagem do tópico e a sua experiência anterior".

A partir dessas considerações, destacamos que a divisão foi escolhida como o tópico a ensinar, considerando as dificuldades dos alunos, como trouxemos anteriormente e por ser considerado um conteúdo base, que é tratado em outros anos posteriores ao 6.º ano (S110; S111). Takahashi e Yoshida (2004) destacam que o tópico seja escolhido pela relevância no currículo e pela ligação com uma unidade de aula e não apenas com a aula que será lecionada. De acordo com os autores, é importante que o grupo de professores percebam a relação do tópico com outros do mesmo ano escolar, assim como com as futuras aprendizagens dos alunos.

Outro elemento que levou a escolha do tópico a ensinar se estruturou pelas orientações curriculares propostas na BNCC (2018), que apontavam as operações matemáticas, destacando a divisão euclidiana que não foi considerada para o planejamento da tarefa (S212; S317). Doig e Groves (2011) apontam que para a seleção da tarefa, é importante um estudo aprofundado sobre a matemática que vai ser ensinada, entendendo a posição do conteúdo no currículo escolar, para que a aula seja planejada, considerando um objetivo apenas para um tópico selecionado. Na fase preparatória do plano de aula, na definição do objetivo é importante revisar as orientações curriculares, no sentido de compreender "os aspectos matematicamente relevante desse mesmo tópico – conceitos, procedimentos, representações e simbolismo, conexões importantes com outros tópicos matemáticos e com temas extra matemáticos" (PONTE; QUARESMA; MATA-PEREIRA, 2015, p. 133).

Em relação à dificuldade dos professores para ensinar a divisão, percebemos que não apareceu com tanta ênfase para justificar a seleção do tópico, mas foi relevante, no sentido de trazer as inquietações da professora Maria, que lecionou a aula planejada (S213; S214). Fujii (2014) chama a atenção que em um estudo de aula, o tópico tem uma razão para ser escolhido, pois algumas vezes se desencadeia da dificuldade dos professores ou dos alunos, possibilitando que os professores sejam desafiados a pensarem as estratégias ou equívocos na resolução das tarefas. O trabalho colaborativo de um estudo de aula proporciona que os professores identifiquem as dificuldades dos alunos e as suas, principalmente quando estudam um tópico que será ensinado na aula de investigação (QUARESMA; PONTE, 2017).

Um elemento que foi considerado em vários excertos se referia ao que estava sendo trabalhado com a turma de alunos, no sentido de recuperar o que não foi aprendido e como a professora Maria estava ensinando, usando recursos (S215; S316; S318; S319; S320). Parece que isso mostra a preocupação com as aprendizagens dos alunos, na perspectiva que o tópico a ensinar traga desafios tanto para os alunos como para os professores, seja selecionado por representar um tema problemático no currículo ou durante as aulas, e esteja comprometido com as aprendizagens dos alunos (TAKAHASHI; MCDOUGAL, 2016).

Considerações

Neste estudo de aula, identificamos que a escolha do tópico a ensinar seguiu principalmente as dificuldades dos alunos produzidas pelas não aprendizagens dos conteúdos matemáticos de anos anteriores, apontados pelas diretrizes curriculares como fundamentais para cada ano escolar (neste caso a BNCC). A escolha do tópico incidiu sobre um conteúdo que deveria ter sido ensinado em anos anteriores, mas pelo afastamento dos alunos da escola durante o período da pandemia e pelos modos de condução das aulas durante esse período, houve uma defasagem no que tange às aprendizagens matemáticas. Isso levou a escolha do tópico divisão com números naturais, enfatizando a retomada pela professora que lecionou a aula de investigação de todas as outras operações (adição, subtração e multiplicação).

Como alerta Fujii (2014), a escolha do tópico está relacionada às aprendizagens prévias dos alunos, na perspectiva de promover o pensamento matemático dos alunos, as aprendizagens. Para o autor este precisa ser o questionamento principal do início de um estudo de aula, ou melhor, é preciso ter uma finalidade bem definida para o planejamento da aula, na perspectiva dos valores educacionais e matemáticos (FUJII, 2014). Desse modo, destacamos que para a seleção do tópico houve a preocupação das professoras com as dificuldades e as aprendizagens anteriores dos alunos, com a importância do conteúdo no currículo escolar, com as dificuldades da professora que lecionaria a aula, com as orientações curriculares e, principalmente com o que estava sendo trabalhado com a turma, na perspectiva de produzir as aprendizagens dos alunos. Ponderamos que vários elementos foram considerados para a seleção do tópico a ensinar, que são relevantes em um estudo de aula, na perspectiva de promoção das aprendizagens, mas, ainda, há necessidade de levantar questionamentos que podem ser respondidos com o estudo de aula, considerando os valores educacionais e a promoção do pensamento matemático dos alunos. Ou seja, a seleção do tópico a ensinar é um desafio que precisa ser discutido pelo grupo que desenvolve o estudo de aula, no sentido de questionar o porquê da escolha, os conceitos que estão envolvidos, realizando um estudo minucioso do tópico (FUJII, 2014).

Portanto, apontamos a necessidade de realização de outros ciclos de estudo de aula, para que outros tópicos sejam escolhidos pelo grupo, envolvendo outros conteúdos que fazem parte do currículo escolar, desafiando cada vez mais professores e alunos a novas e outras aprendizagens. A escolha de outros tópicos pode colaborar ainda mais com os processos formativos desencadeados pelo estudo de aula e proporcionar que tragam desafios para as aprendizagens dos alunos e dos professores.

Referências

BARDIN, L. **Análise de conteúdo** (5.ª ed.). Lisboa: Edições 70, 281p., 2021.

BOGDAN, R. C.; BIKLEN, S. K. **Investigação qualitativa em educação:** Uma introdução à teoria e aos métodos. Porto: Porto Editora, 1994.

BRASIL. **Base nacional comum curricular**: educação é a base. Brasília: MEC, [2018]. Disponível em: http://basenacionalcomum.mec.gov.br/abase/.

CLIVAZ, S.; CLERC-GEORGY, A. Facilitators' roles in lesson study: from leading the group to doing with the group. In: A. MURATA, A.; LEE, C. K. E. (Eds.). **Stepping up Lesson Study**: An educator's guide to deeper learning (pp. 86-93). London, New-York, UK, USA: Routledge, 2020.

DOIG, B.; GROVES, S.; FUJII, T. Lesson study as a framework for preservice teachers' early field-based experiences. In: HART, L.; ALSTON, A.; MURATA, A. (ed**.**). **Lesson study research and practice in mathematics education**. New York: Springer, 2011, p. 181-200.

FERNANDEZ, C.; CANNON, J.; CHOKSHI, S. A US–Japan lesson study collaboration reveals critical lenses for examining practice. **Teaching and teacher education**, v. 19, n. 2, p. 171-185, 2003.

FUJII, T. Implementing Japanese lesson study in foreign countries: Misconceptions revealed. **Mathematics Teacher Education and Development**, v. 16, n. 1, p. 65-83. 2014.

FUJII, T. The critical role of task design in lesson Study. In: WATSON, A; OHTANI, M. (ed.). **Task design in mathematics education**. New York: Springer, 2015, p. 273-286.

FUJII, T. Lesson study and teaching mathematics through problem solving: The two wheels of a cart. In: QUARESMA, M. *et al.* **Mathematics lesson study around the world**. New York: Springer, 2018, p. 1-21.

LEWIS, C. How does lesson study improve mathematics instruction?. **ZDM-Mathematics Education**, n. 48, p. 571-580, 2016.

LEWIS, C.; PERRY, R. Lesson study to scale up research-based knowledge: A randomized, controlled trial of fractions learning. **Journal for research in mathematics education**, v. 48, n. 3, p. 261-299, 2017.

LEWIS, C. *et al.* How does lesson study work? Toward a theory of lesson study process and impact. In: HUANG, R.; TAKAHASHI, A; PONTE, J. P. (ed.). **Theory and practice of lesson study in mathematics**: An international perspective. New York: Springer, 2019, p. 13-37.

MAINALI, B. Representation in Teaching and Learning Mathematics. **International Journal of Education in Mathematics, Science and Technology**, v. 9, n. 1, p. 1-21, 2021.

MURATA, A. Introduction: Conceptual overview of lesson study. In: HART, L.; ALSTON, A.; MURATA, A. (Eds.). Lesson study research and practice in mathematics education. Dordrecht: Springer, p. 01-12, 2011.

PONTE, J. P.; SERRAZINA, L. Práticas profissionais dos professores de Matemática. **Quadrante**, v. 13, n. 2, p. 51-74, 2004.

PONTE, J. P. *et al.* Perspetivas teóricas no estudo das práticas profissionais dos professores de matemática. In: CANAVARRO, A. P. *et al.* (ed.). **Práticas de ensino da Matemática**: Atas do Encontro de Investigação em Educação Matemática. Lisboa: SPIEM, p. 267-279, 2012.

PONTE, J. P. et al. Os estudos de aula como processo colaborativo e reflexivo de desenvolvimento profissional. In: SOUSA, J.; CEVALLOS, I. (Eds.). **A formação, os saberes e os desafios do professor que ensina matemática**. Curitiba: CRV, 2014. p. 61-82.

PONTE, J. P., QUARESMA, M.; MATA-PEREIRA, J. É mesmo necessário fazer planos de aula? **Educação e Matemática**, n. 133, p. 26-35, maio/jun., 2015.

PONTE, J. P. *et al.* O estudo de aula como processo de desenvolvimento profissional de professores de matemática. **Bolema Boletim de Educação Matemática**, v. 30, n. 56, p. 868-89, 2016.

PONTE, J. P. *et al*. Fitting lesson study to the Portuguese context. In: QUARESMA, M. *et al*. **Mathematics lesson study around the world**. New York: Springer, p. 87-103, 2018.

QUARESMA, M.; PONTE, J. P. Participar num estudo de aula: A perspetiva dos professores. **Boletim do Gepem**, 71, 2017.

STIGLER, J.; HIEBERT, J. **The Teaching Gap**: Best Ideas from the World's Teachers for Improving Education in the Classroom. The Free Press, 1999.

TAKAHASHI, A.; MCDOUGAL, T. Collaborative lesson research: Maximizing the impact of lesson study. **ZDM-Mathematics Education**, n. 48, p. 513-526, 2016.

TAKAHASHI, A.; YOSHIDA, M. Ideas for establishing lesson-study communities. **Teaching children mathematics**, v. 10, n. 9, p. 436-443, 2004.

Formação profissional por meio do Estudo de aula

Teresinha Aparecida Faccio Padilha[1]
Italo Gabriel Neide[2]

Introdução

O exercício docente exige uma formação inicial sólida e consistente, contudo ela não se finda ao término de uma graduação ou mesmo de uma pós-graduação. O dinamismo da prática pedagógica num cenário que se reconfigura constantemente impõe a necessidade de atualização e formação contínua dos profissionais da educação.

Entende-se que espaços de formação que refletem em uma melhor qualidade dos processos de ensino e aprendizagem devem priorizar a reflexão crítica sobre a prática, a cooperação e a interação. Acredita-se ainda que os desafios aos quais os docentes deparam-se no cotidiano são complexos e singulares, logo, exigem respostas únicas de um profissional competente com capacidade de autodesenvolvimento, habilidades estas que devem ser foco dos processos de formação contínuos (NÓVOA, 1992).

É necessário romper o paradigma do repasse de informação fornecendo condições propícias para que o professor assuma o papel de aprendente, de modo a estreitar as relações entre teoria e prática. Consaltér, Fávero e Tonieto (2019, p.11) acreditam que "[...] o próprio conjunto de professores de uma instituição escolar pode constituir-se em um coletivo com o potencial de desenvolver um projeto de formação continuada em seu próprio espaço de trabalho".

Em consonância, Nóvoa (2019) afirma que a formação continuada de professores configura-se como espaço favorável para o trabalho em equipe e a reflexão conjunta. Contudo, o autor alerta que faz-se necessário avançar

---

1   EMEF Otto Gustavo Daniel Brands.
2   Universidade do Vale do Taquari - Univates.

nas propostas de formação continuada que se resumem num mercado de cursos, eventos ou seminários em que especialistas apresentam um espetáculo de novidades acerca da aprendizagem, o cérebro ou tecnologia que, muitas vezes, pouco contribuem com a formação profissional. Neste contexto, a junção da tríade professores, universidades e escolas é apontada por Nóvoa (2019) como a potencialidade transformadora da formação docente. As universidades são elencadas pelo autor, pelo conhecimento cultural, científico e intelectual, numa relação próxima com a pesquisa e a criticidade. As escolas pela estreita ligação com a prática, e os professores na posição de fortalecer e entrelaçar os dois anteriormente citados.

Conforme afirma Nóvoa (2019, p.11), entende-se que "a metamorfose da escola acontece sempre que os professores se juntam em coletivo para pensarem o trabalho, para construírem práticas pedagógicas diferentes, para responderem aos desafios colocados [...].". Deste modo, os estudo de aula, caracterizados como uma abordagem de desenvolvimento profissional de professores com foco na prática letiva, fundamentalmente reflexiva e colaborativa (PONTE et al., 2014), têm despertado interesse de pesquisadores de diversas áreas, embora tenha origem junto a professores que trabalham o componente curricular de matemática.

Os estudos de aula se estruturam em cinco etapas, inicialmente os participantes, professores que atuam com uma mesma área ou nível de ensino, definem o objetivo de aprendizagem da aula com base em evidências que justifiquem a escolha. Num segundo momento é realizado um planejamento coletivo de todas as etapas especificando estratégias e recursos a serem utilizados. Na etapa seguinte, este planejamento é desenvolvido junto a um grupo de estudantes por um dos integrantes do grupo, enquanto os demais responsabilizam-se por realizar observações in loco. Após, os professores reúnem-se para refletir sobre os aspectos observados e possíveis adequações necessárias no planejamento, só então um outro professor utiliza o planejamento ajustado com um novo grupo de alunos concomitante com as observações já mencionadas. Ao se reunirem novamente e avaliarem a prática pedagógica planejada e desenvolvida, o grupo compartilha a experiência que pode auxiliar ou inspirar outros colegas de profissão.

Diante do exposto, considera-se relevante compartilhar a experiência de três ciclos de estudo de aula realizados por um grupo de professores de

Matemática, atuantes em turmas de 6º ao 9º ano do Ensino Fundamental, da rede pública municipal de Venâncio Aires, RS. No primeiro ciclo tivemos dez participantes, que por questões éticas os nomearemos como A, B, C, D, E, F, G, I, J e K. No segundo ciclo tivemos a desistência do professor K e do F, mas a adesão do professor H totalizando nove integrantes, no terceiro ciclo o professor F retorna ao grupo e o professor H e I se desvinculam de forma a restar oito integrantes. Dentre os participantes dos três ciclos tínhamos o professor D que possuía formação em Matemática sendo concursado na área, contudo não estava atuando em sala de aula por estar na função de vice-direção, sua adesão aconteceu por ele considerar um possível retorno à docência e também por estar no apoio dos outros dois professores do grupo que pertencem à escola em que atua. A mediadora dos encontros, professor J, na ocasião, compunha o setor pedagógico da secretaria municipal de educação, mantenedora da rede de ensino envolvida, e possuía formação e experiência anterior e posterior na área.

Os encontros dos ciclos de estudos de aula, conforme Quadro 1, aconteceram com periodicidade, via de regra, mensal, pela plataforma meet[3], com duração aproximada de uma hora e meia, fora da carga horária remunerada dos professores.

Quadro 1 – Organização dos encontros dos estudos de aula

Organização dos encontros dos estudos de aula em análise neste estudo			
	Encontros	Data	Participantes	Atividade desenvolvida
1º ciclo	1º encontro	12.05.2022	Professores A, B, C, D, E, F, G, I, J e K.	Apresentação da proposta de formação e realização do planejamento da prática pedagógica do primeiro ciclo abordando o estudo dos números decimais.
	2º encontro	22.06.2022		Relatos dos professores observadores, reflexão sobre a prática desenvolvida e ajuste no planejamento.
	3º encontro	13.07.2022		Relatos dos professores observadores, reflexão sobre a prática desenvolvida e validação do plancjamento.

---

3   É uma plataforma de videoconferência que permite reunir diversas pessoas de maneira online, com recursos de áudio, vídeo, legenda, compartilhamento de tela e outras funcionalidades.

2º ciclo	1º encontro	22.09.2022	Professores A, B, C, D, E, G, I, J e H.	Realização do planejamento da prática pedagógica do segundo ciclo envolvendo o estudo da condição de existência do triângulo.
	2º encontro	24.10.2022		Relatos dos professores observadores, reflexão sobre a prática desenvolvida e ajuste no planejamento.
	3º encontro	27.03.2023		Relatos dos professores observadores, reflexão sobre a prática desenvolvida e validação do planejamento.
3º ciclo	1º encontro	24.04.2023	Professores A, B, C, D, E, F, G e J.	Realização do planejamento da prática pedagógica do terceiro ciclo envolvendo o estudo das equações de 1º grau com uma incógnita a partir do aplicativo PHET.
	2º encontro	29.05.2023		Relatos dos professores observadores, reflexão sobre a prática desenvolvida e ajuste no planejamento.
	3º encontro	11.07.2023		Relatos dos professores observadores, reflexão sobre a prática desenvolvida e validação do planejamento.

Fonte: Dos autores (2023).

Cabe destacar que a adesão dos participantes à proposta dos estudos de aula foi voluntária, o que demonstra o interesse e a predisposição para o aperfeiçoamento profissional. Considerando este cenário, na sequência são apresentadas três seções com a descrição dos ciclos de estudos de aula desenvolvidos. Constituíram o escopo de análise as gravações dos encontros virtuais com os professores, bem como os registros em um diário de bordo da professora J, mediadora da proposta e também uma das autoras deste escrito.

Primeiro ciclo de estudo de aula

A realização do primeiro ciclo de estudo de aula aconteceu após a adesão dos professores à proposta, a intenção era compor um grupo de estudo e planejamento coletivo, configurando assim um espaço de formação continuada. No primeiro encontro com o grupo foi então compartilhado aspectos teóricos que sustentariam a organização dos encontros, ou seja, subsídios teóricos referentes ao estudo de aula propriamente dito. Na ocasião foi também esclarecido o vínculo com o Programa de Apoio a projetos de pesquisa e de inovação na área da Educação Básica, por meio do edital FAPERGS/SEBRAE de 03/2021, com o projeto intitulado Aplicativos e simuladores no ensino híbrido ou remoto na área das ciências exatas, sob a coordenação da professora Maria Madalena Dullius e o Grupo de Pesquisa em Experimentação e Tecnologias Digitais (GPET) da Univates.

Com o objetivo de otimizar o tempo, a professora mediadora solicitou previamente que cada participante elencasse um conteúdo que julgasse ser desafiador para trabalhar com os alunos, e a partir destes dados pudessem realizar a primeira etapa do estudo de aula, que é a definição de um objetivo de aprendizagem para o planejamento subsequente. Considerando que neste levantamento foi recorrente conteúdos relacionados ao ensino da álgebra, a mediadora fez uma pesquisa prévia de alguns recursos e estratégias iniciais supondo que este fosse o foco do planejamento a ser realizado. Contudo, os professores iniciaram relatos sobre suas angústias com dificuldades detectadas nos alunos quanto a conteúdos prévios básicos e necessários à continuidade dos estudos, com destaque aos números decimais e suas operações. As situações cotidianas que envolvem os números decimais por meio do sistema monetário foi ressaltado, pontuando-se que as novas relações comerciais por meio de recursos como o pix e cartões de débito e crédito fazem com que as pessoas vivenciem menos atividades de compra e venda envolvendo troco, fator este que pode estar atrelado a dificuldade mencionada. As estratégias de resoluções de operações que distintas dos algoritmos tradicionais, como por exemplo, as utilizadas em situações onde o comerciante completa o valor recebido a partir do valor gasto para entrega do troco, foram também mencionadas pelos participantes. Foi ciência do grupo que é necessário que essas aprendizagens sejam readaptadas ao contexto social no qual os alunos estão inseridos, de modo que faça sentido e possa auxiliá-los quando precisarem mobilizar tais habilidades para gerenciar a vida pessoal e financeira. No entanto, essas reconfigurações nos processos de ensino e de aprendizagens não podem estar associadas ao detrimento de conhecimentos essenciais básicos como os supracitados.

Deste modo, o grupo optou pelos números decimais como conteúdo foco do planejamento do primeiro ciclo de estudo de aula. Esta decisão sugere que os pressupostos da colaboração subjacentes aos estudos de aula estavam reverberando, pois conforme Boavida e Ponte (2002, p. 04) afirmam, ela envolve uma "negociação cuidadosa, tomada conjunta de decisões, comunicação efectiva e aprendizagem mútua num empreendimento que se foca na promoção do diálogo profissional", o que de fato ocorreu na escolha coletiva e não direcionada de um conteúdo para o planejamento que seria realizado.

Quanto ao conteúdo, embora os números decimais estivessem presentes de forma efetiva na matriz curricular do 6º ano, em virtude do longo período de aulas remotas na pandemia da COVID - 19, a lacuna na aprendizagem foi apontada não apenas neste referido ano escolar. Além isso, trata-se de um conteúdo que se entrelaça com tantos outros como exemplifica a professora A: *"Eu estou trabalhando com porcentagem, acréscimo e decréscimo no 7º ano, juros simples no 9º e a parte de raiz quadrada e raiz cúbica aproximada sem uso de calculadora no 8º, todos eles caem em números decimais [...]"* Assim, o planejamento pôde ser realizado considerando estudos iniciais para os sextos anos e uma revisão aos demais anos do Ensino Fundamental, viabilizando o envolvimento e participação de todos.

Um arquivo compartilhado foi criado no google documentos para o início do planejamento coletivo. Inicialmente vários recursos e estratégias foram sendo apresentados e explorados pelos participantes, dentre eles: o google planilha[4], os simuladores do PHET[5], jogos online de diversas plataformas como a Escola Games[6], Coquinhos[7], Wordall[8], Khan Academy[9]. Na sequência foi preciso que o grupo fizesse escolhas considerando os objetivos de aprendizagem que almejavam. Dentre os participantes, os professores A, B, E e F ficaram responsáveis por desenvolver o planejamento junto com seus alunos.

Transcorrido aproximadamente um mês, o grupo de professores envolvido no Estudo de Aula reuniu-se novamente para avaliar o planejamento. O professor E iniciou compartilhando a dificuldade inicial que teve para disponibilizar o link dos jogos selecionados aos alunos. A alternativa encontrada por ele foi orientá-los a utilizarem o whatsweb, o que demorou um tempo considerável segundo ele, pois embora a ferramenta seja de uso comum no celular, o acesso via os chromebooks foi novidade para muitos. O fato desencadeou a

---

4   Disponível em: https://docs.google.com/spreadsheets/create?hl=pt-br

5   Disponível em: https://phet.colorado.edu/pt_BR/simulations/filter?subjects=math&type=html, prototype

6   Disponível em: https://www.escolagames.com.br/jogos/?q=matematica

7   Disponível em: https://www.coquinhos.com/tag/jogos-de-matematica/

8   Disponível em: https://wordwall.net/pt/

9   Disponível em: https://pt.khanacademy.org/math/arithmetic-home/arith-review-decimals/decimals-number-line/e/decimals_on_the_number_line_1

discussão acerca da utilização de recursos como o Tik Tok[10], pontuando-se a percepção de uma tendência atual de menor tempo de concentração para assistir vídeos. Em relação aos jogos selecionados no momento do planejamento, o professor E relatou que o interesse era maior naqueles que a dinâmica se aproximava dos games, conforme ele exemplifica: "*[...] O Khan Academy, eu não sei se ele, por ele não ser assim ó, ele não ser tão jogo, tão game, vamos dizer, de repente foi o que menos chamou atenção deles, entendeu?[...]*". Neste sentido Guimarães et. al. (2023, p.9) afirmam que "a gamificação encontrou uma área muito fértil de aplicação na educação formal, pois descobriu que os indivíduos obtêm muitos resultados de aprendizagem por meio de sua interação com os jogos."

Na sequência o professor E detalhou como conduziu o momento de construção do jogo no Wordall conforme planejado, explicitando o passo a passo e alguns macetes que facilitaram a prática. Neste momento o grupo responsável pela continuidade do ciclo de estudo de aula demonstrou interesse, de forma a reforçar a corresponsabilidade e a coletividade. Evidenciou-se que a experiência compartilhada por meio do estudo de aula distanciou-se de formações em que uma pessoa é a detentora do conhecimento. Em consonância, Richit e Ponte (2019) destacam a colaboração viabilizada pelo estudo de aula assim como a reflexão dos processos de ensino e aprendizagem que transcorrem no âmbito escolar favorecendo a liderança e a docência compartilhada.

O relato seguinte foi do professor B, que solicitou ajuda para compartilhar a tela e ao final expressou o quão significativo foi: "*[...] Mesmo eu trabalhando com os Chromes, já com a robótica, mas cada vez que a gente pega um aprendizado. Hoje também, não é, gente? Aprendi até a compartilhar a tela. Então, cada coisa... A gente aprende, não é?*" Embora os educadores de um modo geral tenham experienciado o uso de diferentes ferramentas digitais no período de aulas remotas em virtude da COVID - 19, o pedido de ajuda para realizar esta ação sugere que a inserção não consolidou-se como algo que perdurasse em todos os integrantes do grupo. No entanto, ficou evidente o quanto as trocas ocorridas na coletividade contribuem para que os envolvidos adquiram segurança e desafiem-se ao novo. Este mesmo professor relata que a estratégia para disponibilizar os links aos alunos foi a criação de um ambiente no

---

10   Disponível em: https://www.tiktok.com/pt-BR/

google classroom[11], sugerido pela mediadora dos encontros em uma conversa prévia. Além disso, ele pontua o acesso por meio do código da turma e não pelo lançamento dos e-mails individuais, o que demanda mais tempo. Esta estratégia foi destaque também no relato do professor F: *"Eu usei o Classroom que as gurias tiveram lá na escola. Eu nem ia ter essa ideia de usar a sala de aula de novo, de postar as atividades ali no link, como elas me orientaram. Eu não ia ter essa ideia. De forma nenhuma. Nem ia pensar nisso. E eu achei muito show. Muito legal postar os links ali [...]"* Embora possa parecer um encaminhamento simplório que não esteja relacionado com o conteúdo matemático em si, acredita-se que essas pequenas dificuldades possam representar entraves que desencorajam os docentes a inserirem os recursos digitais na prática pedagógica.

O professor B afirma ainda que ele já utilizou em outras turmas a estratégia de utilização do código para acesso ao google sala de aula: *"E achei bem legal. Já criei uma turma dessas para robótica, que aí eu coloco lá. Criei outra para o oitavo ano, que eu levei eles lá, que aí é fácil. Eles copiam aquele número e já acessam lá. É mais rápido para eles.".* Relato semelhante é feito pelo professor C:

> *"[...] eu escutei aqui o pessoal que compartilhou no segundo encontro que usou o Classroom e eu resolvi criar ele para robótica para disponibilizar o material. E daí eu usei aquele Classroom da robótica com o sétimo ano para um projeto que eu estava desenvolvendo. Nos dois grupos quando eu falei no Classroom, a minha escola de interior, acho que a [...] que mora ali perto sabe do que falo, o uso do Classroom na pandemia foi difícil, desde celular incompatível ao sinal de internet ruim, para poucos deu certo. E quando eu falei... vi aquele olhar, tipo assim dos alunos, não vai dar certo, não vai funcionar. Falei calma gente, vamos lá vamos entrar,[...] funcionou muito bem para os alunos, os alunos adoraram.".*

Desta forma percebe-se que os impactos do estudo de aula reverberaram para além das turmas diretamente envolvidas com o desenvolvimento das atividades planejadas, mas refletiu no fazer pedagógico de forma ampla e consistente, caracterizando a dimensão do desenvolvimento profissional docente apontada por Richit e Ponte (2019) ao referirem à abordagem.

A motivação dos alunos com a utilização do recurso digital foi destacada pelo professor B: *"Mas tudo era novo para eles. Vocês viram que todos eles ficaram*

---

11   Disponível em: https://classroom.google.com/

até bem engajados. Faziam um, faziam o outro, mostravam [...]". Novamente foi perceptível que a inserção das ferramentas no planejamento foi favorecida pelo coletivo, pois se era novo aos alunos como afirmado, é por que esta prática não era recorrente na sala de aula. O professor F confirma a evidência ao verbalizar:

> *"[...] foi um grande ganho porque eu nunca ia usar aqueles computadores, gurias. Se vocês não tivessem proposto isso aí, eu nunca ia mexer naqueles computadores. E é sério. Não, eu não ia pegar aqueles computadores. O máximo que eu ia fazer era um jogo que eu faço. É um jogo, uma coisa que eu mesma confecciono. Um desafio ali com eles. Agora eu pegar... pegar os Chromes. Eu não sou acostumada a fazer isso. Agora eu já perdi o medo, né? E agora já botei em prática. Já vi que, bom, para funcionar, vamos ter que fazer uma anotação, vai ter que ter uma cobrança. Já estamos vendo o que funciona, né?"*

No excerto o professor chega a mencionar o medo que foi superado pela experiência proporcionada pelo estudo de aula. Observa-se ainda a identificação da necessidade do uso do recurso digital estar associado à intervenção docente, seja por meio do registro escrito ou oralidade, nomeada por ele como cobrança.

Cabe destacar o incentivo e o espírito de equipe de outros colegas na ocasião dos relatos das dificuldades tecnológicas como exemplifica-se na fala do professor A: "*[...] Não é questão de saber ou não saber. É costume. É questão de costume*". A postura acolhedora do grupo transpõem uma hierarquia de formação e favorece que todos assumam o papel de corresponsáveis pelo êxito da proposta. Assim, o diálogo e as interações proporcionadas pelo estudo de aula contribuíram para fortalecer o vínculo e o espírito de equipe, além de encorajar os pares à inserção de novos recursos não como momento pontual, mas uma prática constante.

Aspecto que merece destaque na análise deste primeiro momento do ciclo de estudo aula, foi a necessidade de fomentar no grupo a importância da intervenção docente durante a realização dos jogos propostos. Retomou-se várias vezes que o jogo por si só não vai construir aprendizagens significativas se não tiver uma mediação de qualidade por parte do professor. Deste modo, o grupo inseriu no planejamento propostas de registro por parte do aluno de estratégias escolhidas, com o intuito de que as atividades não recaíssem no automatismo. Foi realizado ainda seleção de alguns jogos, visto que observou-se não ser necessário a quantidade inicial elencada, pois alguns deles não priorizavam o desenvolvimento do raciocínio ou de estratégias potentes de resolução.

Um novo encontro foi necessário para concluir os relatos e finalizar os ajustes no planejamento. Foi recorrente os apontamentos referentes aos registros concomitantes às atividades. O professor D que embora não esteja exercendo a docência em sala de aula acompanhou o professor E assim manifesta-se: *"[...]acredito que quando eles escrevem, quando colocam no papel conseguem ter mais consciência do que estão fazendo, porque as vezes eles vão e chutam. Eu percebi o dia que o [...] fez lá na escola que muitas vezes eles não pensavam e chutavam, não queriam saber se erravam ou não. De repente se eles tiverem que resolver, saber como encontraram, acho que tem mais significado."* Desta forma o grupo insere no roteiro momentos de escrita das estratégias a serem utilizadas pelos alunos.

Cabe destacar que a experiência do estudo de aula foi inédita ao grupo de professores, fato este que requer uma compactuação em prol de um objetivo comum, a qualificação dos processos de ensino e de aprendizagem por meio do trabalho coletivo. Estar disposto a compartilhar o espaço da sala de aula com colegas que estarão observando o desenvolvimento das atividades, embora o foco seja a aprendizagem do aluno e não o professor, pode não ser algo confortável a todos, é preciso predisposição e até uma espécie de cumplicidade, visto a seleção dos recursos e estratégias serem corresponsabilidade de todos. Considerando estes aspectos, o mediador dos encontros ia previamente à escola para uma conversa individual com o professor com o objetivo de retomar o planejamento coletivo e deixá-lo mais tranquilo. Este foi fator destacado pelos participantes como exemplificado pela fala do professor F: *"[...] se as gurias não tivessem me passado a tranquilidade, pego na minha mão, feito a turma junto* [se refere à criação do ambiente classroom], *com aquela tranquilidade não ia sair nada dali."* Em consonância Ponte et. al. apontam que a colaboração promovida pelos estudos de aula favorecem a criação de um relacionamento próximo, uma partilha de ideias e apoio mútuo. Os autores afirmam que os estudos de aula " [...] constituem um contexto não só para refletir, mas também para promover a autoconfiança, fundamental para o seu desenvolvimento profissional." (PONTE et. al. 2016, p. 870).

Na continuidade do ciclo de estudo de aula os professores C , G e K ficaram responsáveis por desenvolver o planejamento realizado junto aos seus alunos. Ao reunirem-se para relatos e análise da prática pedagógica desenvolvida, o professor C destaca o quão foi positivo as inserções de escrita: *"[...]" acho que ter que pedir pra eles descreverem a estratégia do jogo foi uma coisa positiva.".* O grupo ainda discutiu coletivamente algumas estratégias que poderiam colaborar com a qualificação da escrita das estratégias dos alunos. Algumas sugestões foram surgindo como a de compartilhar no quadro algumas produções dos alunos e solicitaram que lessem coletivamente para que juntos pudessem inserir informações que tivessem vagas ou inconsistentes. O professor C salientou ainda a oportunidade de ter estado no segundo grupo e ter tido o privilégio de ter observado o colega e poder ter acompanhado o que não deu muito certo e a partir disso reajustar sua condução da aula. As dicas dos primeiros professores a desenvolverem as atividades foram pontuadas como primordiais, visto facilitarem e qualificarem a prática pedagógica, proposta em que se sustentam os estudos de aula. Deste modo, pode afirmar que não apenas a seleção das atividades, mas a identificação do raciocínio dos alunos, bem como a comunicação desenvolvida durante a aula foram objeto de reflexão e contribuíram para o aprimoramento da prática profissional dos professores durante o estudo de aula (QUARESMA, et al. 2014).

Segundo ciclo de estudo de aula

Nesta seção apresenta-se o desenvolvimento do segundo ciclo de aula que surgiu de uma dificuldade detectada a partir de uma avaliação diagnóstica realizada pelo setor pedagógico da Secretaria Municipal de Educação (SME) com alunos do 8º ano das escolas municipais. A referida avaliação foi realizada com as turmas de 4º ano e 8º ano do Ensino Fundamental a fim de obter um diagnóstico das aprendizagens de Língua Portuguesa e Matemática visto os impactos do período pandêmico. O intuito era obter subsídios que auxiliassem os gestores da rede, bem como os professores, na (re)organização de propostas pedagógicas mais assertivas que pudessem colaborar na minimização das possíveis lacunas na aprendizagem. A avaliação foi realizada no período de 06 a 10 de junho de 2022 e baseou-se nos materiais disponíveis na Plataforma do Caed [12]. As provas contemplavam, cada uma, 20 questões pautadas num grupo de habilidades, indicadas na Base Nacional Comum Curricular, e consideradas representativas das metas desejáveis ao término do 3º e 7º ano, etapas anteriores ao ano corrente.

O setor pedagógico da SME tabulou os resultados e os organizou em gráficos de modo que as nuances pudessem evidenciar habilidades consolidadas e ainda outras em processo de desenvolvimento. Esses dados foram apresentados individualmente a cada escola e, junto com docentes e gestores, foram propostos estudos e reflexões que pudessem nortear futuras práticas pedagógicas e avaliar as em desenvolvimento.

Em relação à avaliação de Matemática realizada pelos alunos do 8º ano, observa-se, conforme Figura 1, que a questão 2, que abordava as medidas de volume capacidade na resolução de uma situação problemas e a 12, que envolvia a identificação de uma expressão algébrica na que modelasse uma sequência numérica, obtiveram um número menor de acertos. Cabe ressaltar que estes conteúdos, de acordo com relatos de docentes, ficaram com a aprendizagem prejudicada no período pandêmico devido a necessidade de intervenções mais expressivas do professor.

Figura 1 – Gráfico com o número de acertos da avaliação diagnóstica

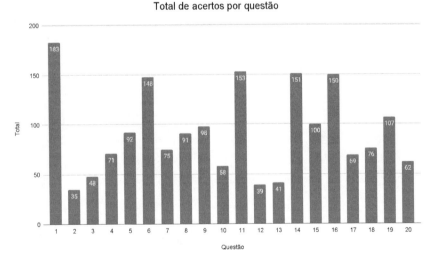

Fonte: Dos autores (2022).

---

12 https://apoioaaprendizagem.caeddigital.net/#!/programa

Contudo, dentre as questões de menor número de acertos ainda destaca-se a 13, que, como observa-se na Figura 2, segundo a Base Nacional Comum Curricular, documento norteador dos currículos escolares em território nacional, abordava a Unidade Temática de Geometria. O objeto de conhecimento contemplado pela referida questão possuía relação com a condição de existência dos triângulos, habilidade esta contemplada no referido documento para o 7º ano.

Figura 2 – Questão número 13 da avaliação diagnóstica

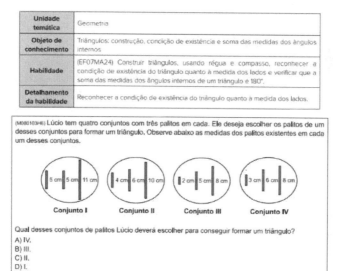

Fonte: CAED – UFJF (2021, p.5).

O destaque à questão número 13, embora não tenha sido a de menor número de acertos, se deve ao fato de, durante os diálogos estabelecidos com os professores na ocasião do retorno das avaliações, e mesmo nos encontros do estudo de aula, ser apontada por abordar um conteúdo que, por vezes, é negligenciado em sala de aula. Além disso, a mediadora dos encontros, sendo membro do setor pedagógico da SME, obteve contatos de professores para dialogar sobre o desenvolvimento da questão, o que evidencia a necessidade de um olhar especial a ela. Neste sentido, Duval (2005) corrobora que a geometria é um domínio difícil de ensinar e, mesmo com objetivos modestos, os resultados alcançados, comumente, são decepcionantes.

Deste modo, no primeiro encontro deste segundo ciclo de estudo de aula, a questão número 13 foi trazida pela mediadora para análise, de modo que discutiu-se sobre o conteúdo implícito na referida questão, bem como ele era pouco abordado em sala de aula, o que tornava compreensível o não entendimento e consequente erro dos alunos. Neste sentido, pode-se evidenciar que o estudo de aula possibilitou ao grupo de professores envolvidos ampliar e consolidar o conhecimento do conteúdo matemático, uma categoria referida por Shulman (1986) como inerente à formação profissional docente. O autor refere que o conhecimento do conteúdo transcende a compreensão de fatos e conceitos, mas contempla a capacidade de explicar porque uma proposição específica é considerada justificada, a validade do conhecimento e suas relações da teoria e da prática, bem como demais proposições deste e de outros domínios (SHULMAN, 1986).

Esgotado as discussões sobre a questão 13 e a necessidade de inclusão do conteúdo por ela abordado nas práticas pedagógicas juntos aos alunos, a mediadora, ainda no primeiro encontro, propôs ao grupo o link de um aplicativo do geogebra[13] e disponibilizou tempo para que os professores manuseassem e explorassem suas possibilidades. Avaliado a potencialidade do recurso, desafiou-se o grupo a criar, a partir dele, atividades que envolvessem a construção da condição de existência do triângulo. O professor H manifestou-se já estar trabalhando questões similares, contudo com materiais alternativos, no caso, canudinhos de plástico. Neste contexto, o professor H evidencia em sua fala o descaso com a geometria nas práticas pedagógicas em sala de aula:

> *"[...] eu tô trabalhando no oitavo ano, congruência de triângulos né, só que **eu percebi que eles não tiveram praticamente nada de geometria** então eu fiz uma revisão, os tipos de triângulos, os tipos de ângulos, os quadriláteros, os tipos de quadriláteros, os paralelogramos, os trapézios, a soma de ângulos internos, complementares, suplementares [...]".*

A fala do professor não configurou uma culpabilização de quem tinha seus alunos em ano anterior, como comumente é visto no cenário educacional, pois ele mesmo na sequência da fala compartilha da responsabilidade por esta lacuna: *"[...] eles não sabem usar transferidor né, como é que mede triângulo,*

---

13   https://www.geogebra.org/m/ds3v8vpy

é bastante coisa que eu tô retomando, retomando não, porque eles não tiveram né, teve essas lacunas. No ano passado dei prioridade a outras coisas. " Deste modo, os estudos de aula favoreceram as discussões sobre sobre o currículo contemplando uma outra categoria do conhecimento profissional docente apontado por Shulman (1986), o conhecimento curricular. Segundo o autor, ele se refere à variedade de questões alusivas ao ensino de assuntos específicos, no caso em questão, o tópico da geometria, bem os diferentes materiais de ensino disponíveis à abordagem.

Os professores então organizaram uma sequência de atividades a partir do aplicativo do geogebra, inicialmente explorando os elementos dos triângulos como segmento de reta, vértice e aresta, incluindo ainda a classificação dos triângulos. Na sequência propôs-se atividades que necessitavam do manuseio do recurso de forma que a dinamicidade favorecida pela ferramenta desconfigurava um uso atrelado a padrões repetitivos ou que se assemelhasse às possibilidades com registros em recursos mais estáticos como o papel. Ressalta-se assim que o grupo buscou explorar o uso do aplicativo numa perspectiva que transcendesse uma mera modernização de práticas obsoletas.

Quanto às reações do grupo em relação à escolha do geogebra, pode-se afirmar que elas incluíram o encantamento com a ferramenta como se pronuncia o professor G: *"Meu Deus, se eu tivesse esse link, acabei de revisar os tipos de triângulos, só manuseando ali, como ajudaria eles né [...]"*, mas também o receio pelo desconhecido, como afirma o professor H: *"[...] só que aquilo que eu te comentei né, eu não sei usar o geogebra[...]"* Embora a diversidade de reações dos participantes, cabe destacar que as escolhas pedagógicas das estratégias e recursos elencados no planejamento foram construções coletivas e sustentadas por reflexões consistentes. Desta forma, os estudos de aula mostraram-se espaço potente de aprimoramento profissional docente, visto a amplitude dos conhecimentos inerentes à prática letiva abordados pela dinâmica da proposta.

O grupo novamente fez a opção pela organização da proposta no ambiente classroom, contudo o professor H, que passou a integrar o grupo de estudo neste segundo ciclo, mostrou-se inseguro, visto não ter familiaridade com a ferramenta. Contudo, os demais integrantes, dentre eles inclusive os que mostraram-se resistentes a ele no primeiro ciclo, manifestaram-se em defesa de sua utilização. Novamente, este fato sugere que as novas ferramentas

exploradas foram de fato incluídas na rotina docente dos professores participantes não apenas para mero cumprimento do planejamento coletivo.

Neste segundo ciclo de estudo de aula os professores atentaram à inclusão
dos registros escritos de forma concomitante às explorações dos aplicativos,
fator que evidencia a consolidação de uma discussão que, no primeiro ciclo, só
surgiu após a análise do desenvolvimento da proposta dos primeiros professores junto aos alunos. Desta forma, evidencia-se que a continuidade de uma
formação continuada na perspectiva dos estudos de aula contribuem para que
os docentes envolvidos possam obter avanços significativos em suas práticas
pedagógicas de forma contínua e não apenas como uma intervenção pontual.

Os professores G, H e C ficaram responsáveis pelo desenvolvimento
do planejamento do segundo ciclo de estudos de aula, contudo o professor G
não conseguiu organizar-se a tempo para a prática, visto a dinâmica em andamento de sua aula. No segundo encontro do ciclo, com o objetivo de analisar
os feedbacks, os professores I e J, que acompanharam a aula do professor G,
relataram um ajuste necessário no planejamento. O enunciado de uma questão
solicitava que os alunos somassem os valores correspondentes ao comprimento
dos segmentos de duas determinadas cores de um conjunto de três segmentos que poderiam formar o triângulo disponível no aplicativo do geogebra. O
objetivo era que eles concluíssem que a existência do triângulo só seria possível
se a soma das medidas dos dois segmentos menores fosse maior que a medida
do maior segmento, conforme observa-se na Figura 3. Contudo, durante a
observação dos alunos realizando a atividade, verificou-se que nem sempre
as cores indicadas na elaboração da questão correspondiam aos dois menores
segmentos, o que implicava numa contradição à conclusão desejada.

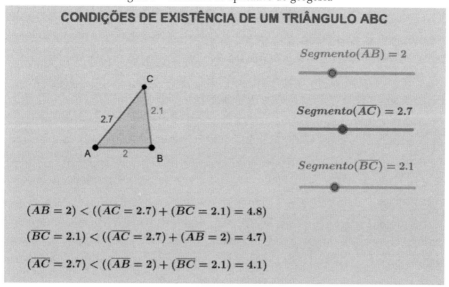

Figura 3 – Interface do aplicativo do geogebra

Fonte: Dos autores (2023).

Este fato foi também apontado na prática do professor C que teve o professor E como observador. Deste modo, discutiu-se com o grupo os ajustes necessários nas atividades propostas refletindo sobre a importância de que os alunos não fossem induzidos a uma conclusão, mas que, de fato, pudesse ser propiciado condições adequadas para que desenvolvessem investigação matemática colocando-os numa postura proativa na construção do conhecimento. Assim, o estudo de aula foi uma oportunidade do grupo rever e reformular a estrutura metodológica da aula com foco na aprendizagem do aluno, refletindo o aprimoramento de habilidades necessárias à atuação docente.

Cabe destacar que o ajuste necessário no planejamento surgiu a partir da observação dos alunos in loco na sala de aula, prática favorecida pela proposta do estudo de aula, o que talvez não ocorresse se a formação tivesse sido estruturada num outro formato. Embora o momento de reflexão sobre o fato ocorrido tenha sido de grande valia ao grupo, ele evidenciou a necessidade de reservar um tempo de qualidade para a etapa de planejamento do estudo de aula. Acredita-se que, se o grupo tivesse melhor experienciado as atividades propostas na ótica do aluno, talvez pudesse ter identificado a inconsistência do enunciado antes da prática efetiva em sala de aula. Neste sentido Richit, Ponte e Quaresma (2021, p.1113) afirmam que o "planejamento envolve um trabalho criterioso, colaborativo e reflexivo em que se busca prever os modos de pensar dos alunos, as suas estratégias de solução de problemas, as suas dificuldades, aquilo que vão dizer durante as atividades da aula."

O professor G, no segundo encontro, relatou ainda que, bem antes de desenvolver a prática organizada de forma coletiva no primeiro encontro, tinha proposto aos seus alunos uma atividade com a utilização de canudos plásticos para estudo da condição de existência do triângulo. Ele justificou que a prática com os canudos ocorreu a partir do retorno da avaliação diagnóstica de seus alunos, pois não sabia que este também seria o foco do planejamento do segundo ciclo. Desta forma, ele, diferentemente dos demais professores, tinha um parâmetro comparativo do uso dos diferentes recursos. Assim, embora tenha destacado a importância de uma multiplicidade de recursos, enfatizou a precisão e a facilidade de uma quantidade maior de testes por meio do recurso digital, como aspectos favoráveis à aprendizagem. O professor C expressou que sentiu falta do uso do material manipulativo, que não constava no planejamento coletivo, apenas compunha uma prática anterior do professor G. Desta forma, acordou-se que a prática com os canudos passaria a integrar a proposta de planejamento reforçando a potencialidade de uma variedade de recursos na prática pedagógica dos docentes. Cabe referir que, reservar um espaço maior para inclusão digital nos estudos de aula atrela-se à necessidade de atualização quanto ao uso das ferramentas, visto sua inovação e otimização como diferenciais na aprendizagem, contudo esta escolha não se sobrepõe ao uso de outros recursos disponíveis e potentes.

Deste modo, finalizado os ajustes no planejamento com base nas discussões e nos feedbacks do segundo encontro, deu-se sequência no ciclo do estudo de aula com um novo grupo de professores responsabilizando-se pelo desenvolvimento do planejamento ajustado: professores G, E, A e B. Contudo, a prática não foi realizada pelo professor B em virtude de programações em sua escola no período em questão. Cabe referir que o professor F, por questões pessoais, não conseguiu participar deste segundo ciclo de estudo de aula.

Após desenvolverem a prática planejada os professores reuniram-se novamente para avaliarem a estrutura das questões metodológicas da aula. O grupo foi unânime ao afirmar que os ajustes realizados facilitaram a compreensão dos alunos quanto à condição de existência do triângulo. A proposta de escrita incluída nas atividades, embora apontada como positiva, segundo os professores, ainda constitui-se em habilidade que deve ser aprimorada por meio de estratégias contínuas ao longo do estudo de diferentes conteúdos matemáticos.

Desta forma, o segundo ciclo de estudo de aula apresentou indícios de que as reflexões proporcionadas pela dinâmica contribuíram para que os professores participantes pudessem repensar estratégias e recursos didáticos inerentes à prática letiva. Pode-se inferir inclusive que a colaboração e a coletividade foram fatores favoráveis à continuidade do grupo, bem como as discussões aprimoraram práticas pedagógicas desenvolvidas no exercício profissional dos docentes envolvidos.

Terceiro ciclo de estudo de aula

O terceiro ciclo do estudo de aula teve início em março de 2023, com a desistência do professor H, que alegou questões de incompatibilidade de horários. O professor I que compunha o setor pedagógico da secretaria municipal de educação e que apoiava o professor J nas mediações da proposta também não compôs mais o grupo, em virtude de seu desligamento do setor. Permaneceram desta forma os professores A, B, C, D, E, F, G e J.

A temática escolhida para este ciclo foi as equações do 1º grau, que já tinham sido mencionadas no primeiro ciclo como uma dificuldade de aprendizagem relevante junto aos alunos do ensino fundamental, em especial nos 7ºs anos em que elas são introduzidas. Neste contexto, a Base Nacional Comum Curricular, documento orientador, indica que alunos neste nível de ensino sejam capazes de "[...] criar, interpretar e transitar entre as diversas representações gráficas e simbólicas, para resolver problemas por meio de equações e inequações, com compreensão dos procedimentos utilizados." (BRASIL, 2018, p.270)

Definida a temática, o grupo iniciou a exploração dos aplicativos disponíveis na plataforma PHET que abordassem as equações do 1º grau. Nesse primeiro encontro não foi possível organizar a sequência de atividades em virtude do tempo. Agendou-se nova data para a qual os participantes comprometeram-se a trazer algumas sugestões. Assim, no encontro subsequente, o professor mediador compartilhou um primeiro esboço de sua sugestão de planejamento para que, coletivamente, as demais contribuições e supressões fossem inseridas.

Considerando que o PHET explora a construção das equações a partir de uma balança de dois pratos, o professor F relatou que em anos anteriores tinha o hábito de construir balanças similares com uso de materiais alternativos, visto o tipo de balança não ser familiar aos alunos. O grupo então decide incluir a proposta no planejamento demonstrando a preocupação, embora inconsciente, de construir um conhecimento prévio capaz de interagir com o novo conhecimento e favorecer a aprendizagem. Desta forma, a construção da balança constituiu-se no que Ausubel (2003) intitula de organizador prévio, ou seja, um recurso instrucional que faz a mediação entre o que o estudante já sabe e o que ainda deseja saber de uma forma mais suave.

Pode-se afirmar que, a partir da experiência do segundo ciclo, o grupo conscientizou-se da importância de experienciar as atividades na ótica do aluno, visto o intervalo considerável de tempo desprendido para exploração que fora menor nos ciclos anteriores. Durante o planejamento, identificou-se que uma das atividades apresentava uma inconsistência no enunciado, dizia que o aplicativo não possibilitava a resolução a contento. De forma similar avaliou-se o grau de dificuldade das atividades considerando o público para o qual ela se destinava. Em consonância Quaresma et al (2014, p.312) afirma que a comunicação estabelecida por meio do estudo de aula favorece aprendizagens por parte dos professores no que tange às "[...] dificuldades dos alunos e os processos de raciocínio (generalização e justificação), bem como o modo de promover a aprendizagem e o raciocínio dos alunos na sala de aula durante a realização de discussões coletivas."

O aplicativo desencadeou ainda a discussão de algumas questões conceituais durante a elaboração das atividades, conforme exemplifica-se com a Figura ?. O animal lá representado seria uma tartaruga? As figuras geométricas seriam bi ou tridimensionais, ou seja, seriam cubos ou quadrados, esferas ou círculos, triângulos ou pirâmides?

Figura 4 – Interface do PHET

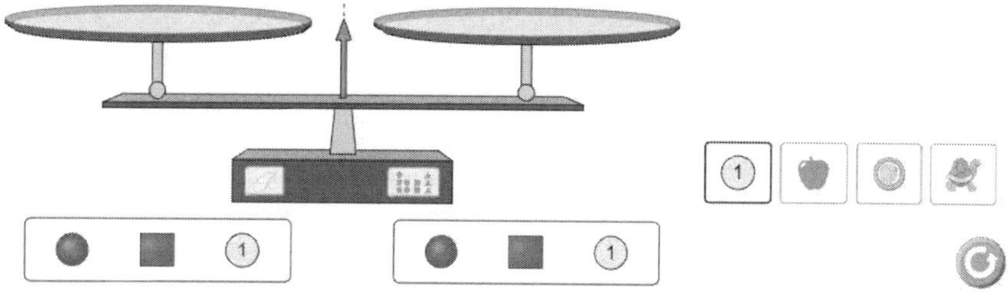

Fonte: Dos autores (2023).

Além destas terminologias o grupo abordou qual o termo que seria utilizado nos experimentos com a balança, a massa ou peso, como costumeiramente os alunos verbalizam. Tais discussões acerca das terminologias sugerem que o estudo de aula permitiu que os envolvidos consolidassem questões inerentes ao conhecimento do conteúdo, aprimorando assim a base de conhecimentos organizados e consolidados no repertório de conhecimentos profissionais do professor, os quais estão circunscritos em uma determinada área do saber (SHULMAN, 1986).

Embora tenham ficado responsáveis por desenvolver as atividades no primeiro momento, os professores A, B e F, apenas o A conseguiu. Os demais, em virtude de não terem concluído o estudo dos números inteiros, necessários à abordagem das equações do 1º grau não conseguiram e ficaram para o momento seguinte. Os professores J e F acompanharam a prática do professor A e no encontro de feedback relataram o envolvimento percebido nos alunos. Além disso, pontuou-se o quão o aplicativo contribui para a aprendizagem do conteúdo, bem como que as atividades estariam adequadamente estruturadas. Um ajuste sugerido foi a inclusão de uma atividade que pudesse introduzir previamente a linguagem algébrica antes do uso do PHET, o que de fato foi feito. Outra sugestão foi de experienciar com os alunos o uso de uma balança de plataforma, embora reconheceu-se a dificuldade de consegui-la, decidiu-se manter a proposta como um desafio a ser efetivado na medida que fosse possível o acesso. Deste modo, no segundo grupo, os professores C, E, B, F e o J ficaram responsáveis por desenvolver a aula de investigação. Cabe esclarecer que o professor J, que estava apenas na mediação dos encontros, retorna à docência e passa a também desenvolver a aula investigativa junto com os demais colegas do grupo.

O professor G acompanhou o desenvolvimento de praticamente todo o planejamento do professor J, demonstrando o interesse para observar o modo como as intervenções eram feitas durante a aula para que pudessem o auxiliar quando fosse desenvolver a proposta. Em sua fala foi notório a importância de ter vivenciado a observação da aula, primeira experiência dele no grupo: *"[...] eu estava pegando umas falas da [...] para ver como conduzir a atividade, pois tem que ser bem conduzida, com os questionamentos, pois só vou usar no segundo semestre e isso vai ajudar."* (PROFESSOR G). Embora o foco do estudo de aula não seja a atuação do professor, mas a aprendizagem do aluno, acompanhar as intervenções do professor e o modo como as mediações são realizadas durante a aula investigativa favorecem um processo reflexivo sobre a própria prática e permite que o professor reafirme ou retome algumas de suas formas de interações com o aluno, o conteúdo e o processo de aprendizagem.

Vale destacar que o professor G já possui anos de experiência na docência da matemática e mesmo assim, atribuiu relevância a oportunidade de experienciar a observação de uma aula que não a sua como fator que agregará em sua formação profissional. Deste modo evidencia-se a contribuição do estudo de aula como processo formativo dos professores envolvidos.

O professor G ainda compartilhar o impulso natural de intervir na aula quando estava na condição de observador, condição também compartilhada pelo professor J que vivenciou várias observações. Cabe destacar aqui a dificuldade do grupo em acompanhar a aula investigativa dos colegas visto a carga horária grande e a incompatibilidade de horários, fato que dificulta a implementação do estudo de aula como formação constante em amplitude maior.

O relato da prática do professor E observada pelo professor D foi importante, pois ele conseguiu uma balança de plataforma bem antiga que fora de seu pai a aproximadamente 60 anos, como mostra Figura 4. Ele propôs que os alunos testassem várias massas para realizar as medições e a partir delas iam construindo equações que representavam os "pesos" de cada um. Esta atividade lhes permitiu que ele explorasse equivalências entre as medidas de massa, capacidade e volume. Um quilo é sempre um litro de água? Um decímetro cúbico é um litro? Além disso, abordou a proporcionalidade, pois cada quilo medido pela balança representava dez vezes mais.

Figura 4 – Balança utilizada pelo professor E

Fonte: Dos autores (2023).

Embora a atividade com esta balança não pôde ter sido incluída nos ajustes do planejamento, visto não ser possível os demais professores conseguirem uma balança similar, ela foi de grande valia ao grupo. O relato, que encantou a todos, também despertou a conscientização da importância das atividades experimentais e investigativas junto aos alunos. O professor D, que observou a aula, pontuou o quanto a prática foi significativa: *"Tenho certeza que esses alunos sempre vão se recordar dessa experiência, e as equações do 1º grau terão outro significado para eles."*

Assim, não inseriu-se novos ajustes no planejamento e o grupo finalizou o terceiro ciclo de estudo de aula com evidências de que os estudos de aula contribuíram na formação profissional dos envolvidos. A colaboração e as atividades elaboradas com maior afinco sugerem que houve empenho desprendido refletindo no desenvolvimento de práticas pedagógicas potentes. Deste modo pode-se afirmar que o grupo vivenciou uma "[...] abordagem exploratória no seu percurso formativo, o que os levou a construir ou aprofundar a sua compreensão de conceitos, representações, procedimentos e ideias sobre os tópicos curriculares abordados nos ciclos de estudos de aula." (RICHIT, 2020, p. 19-20).

Considerações finais

A experiência do estudo de aula com o grupo de professores de Matemática dos anos finais do Ensino Fundamental configurou-se em um potente espaço de formação profissional. Durante os encontros o grupo fortaleceu os vínculos de cooperação e colaboração que favoreceram as trocas e o diálogo, indispensáveis para a formação.

As reflexões sobre os recursos, estratégias e o próprio conhecimento matemático fomentadas nos momentos de planejamento encorajaram o grupo a experimentar novas práticas ressignificando os processos de ensino e aprendizagem. Ainda, a oportunidade de analisar dificuldades específicas de um conteúdo na ótica do aluno, bem como os impactos da estrutura metodológica da aula na aprendizagem foram relevantes nos ciclos de estudo de aula.

A importância da inserção da escrita na abordagem de diferentes conteúdos matemáticos foi despertada durante as discussões, bem como a necessidade de implementar estratégias para que os alunos possam ampliar e enriquecer seus registros. Outro aspecto fortalecido pelas discussões foi a utilização de atividades associadas à adequada mediação docente, como potencializador do uso do recurso digital. Pode-se afirmar, que o grupo de professores, por meio dos estudos de aula, reafirmou ou mesmo despertou em alguns, a convicção de que por si só, a tecnologia não representa inovação. O avanço está nas propostas capazes de colocar o aluno como protagonista do processo de aprendizagem, bem como no desenvolvimento de habilidades condizentes com as demandas contemporâneas.

Cabe destacar que a diversidade de professores participantes no desenvolvimento destes três ciclos de aula, visto serem eles de uma mesma rede de ensino, mas atuantes em diferentes escolas, enriqueceu as trocas e agregou em conhecimento e experiência. Contudo, esta realidade também dificultou a dinâmica de observação, pois a carga horária extensa de todos, a distância entre as escolas e a incompatibilidade de horários foram salutar. Deste modo, algumas flexibilizações foram necessárias, o que configura inclusive uma sugestão para a realização da proposta por outros professores ou pesquisadores. Dentre as flexibilizações exemplifica-se a não participação de todos como observadores da aula investigativa, adotando nestes casos, o apoio das gravações, para as discussões e análises coletivas. Acredita-se no potencial do estudo de aula como potente espaço de formação continuada, contudo, sugere-se que, não distanciando-se dos pressupostos teóricos que os sustentam, ajustes viáveis sejam feitos de forma a viabilizar sua realização.

Referências

AUSUBEL, David. Aquisição e Retenção de Conhecimentos: Uma Perspectiva Cognitiva. Trad. De Lígia Teopisto. Lisboa: Plátano, 2003.

BOAVIDA, Ana Maria; PONTE, João Pedro. Investigação colaborativa: Potencialidades e problemas. In GTI (org). Reflectir e investigar sobre a prática profissional. Lisboa: APM, 2002. p. 43-55.

BRASIL. Ministério da Educação. Base Nacional Comum Curricular. 2018.

CAED – UFJF. Apoio à aprendizagem. Caderno de Atividades de Verificação de Aprendizagem. Matemática 8º ano do Ensino Fundamental. 2021. Disponível em: <https://avaliacaoemonitoramentoriograndedosul.caeddigital.net/>. Acesso em janeiro de 2022.

CONSALTÉR, Evandro; FÁVERO, Altair Alberto. TONIETO, Carina. A formação continuada de professores a partir de três perspectivas:o senso comum pedagógico, pacotes formativos e a práxis pedagógica. Educação em Perspectiva. Viçosa, MG. v. 10. p.1-14|e-019040|, 2019

DUVAL, Raymond. Les conditions cognitives de l'apprentissage de la géométrie : développement de la visualisation, différenciation des raisonnements et coordination de leurs fonctionnements. Annales de Didactiques et de Sciences Cognitives, n. 10, p. 5-53, 2005.

GUIMARÃES, Ueudison Alves; FREITAS, Lenir Santos de; SILVA, Jose Evangelista da; DIAS, Sigla Santos; GONZALEZ, Marineide Pequeno Ferreira. Gamificar: a gamificação aplicada em ambientes de ensino e aprendizagem. **RECIMA21 -CiênciasExatas e da Terra, Sociais, da Saúde, Humanas e Engenharia/Tecnologia.** V.4, n.4, 2023.

NÓVOA, António. **Formação de professores e profissão docente**. In: NÓVOA, António(coord.). Os professores e sua formação.Lisboa: Dom Quixote, 1992.p. 13-33.

NÓVOA, A. Os Professores e a sua Formação num Tempo de Metamorfose da Escola. Educação & Realidade, Porto Alegre, v. 44, n. 3, e84910, 2019. Disponível em: Anais Jornada Acadêmica do Programa de Pós-graduação em Educação da Unisc https://online.unisc.br/acadnet/anais/index.php/jornacad/index https://www.scielo.br/scielo.php?script=sci_arttext&pid=S2175-62362019000300402 >Acesso em: 05/062023.

PONTE, João Pedro; QUARESMA, Marisa; BAPTISTA, Mónica; MATA-PEREIRA, Joana. Os estudos de aula como processo colaborativo e reflexivo de desenvolvimento profissional. In: SOUSA, Josimar de; CEVALLOS, Ivete (ed.). A formação, os saberes e os desafios do professor que ensina matemática. Curitiba: Editora CRV, 2014. p. 61-82.

PONTE, João Pedro da; QUARESMA, Marisa; PEREIRA, Joana Mata; BAPTISTA, Mónica Baptista. O Estudo de Aula como Processo de Desenvolvimento Profissional de Professores de Matemática. **Bolema**, Rio Claro (SP), v. 30, n. 56, p. 868 - 891, dez. 2016.

QUARESMA, Marisa; PONTE, João Pedro da; BAPTISTA, Mónica Baptista; PEREIRA, Joana Mata. O estudo de aula como processo de desenvolvimento profissional. IN: Martinho, M. H. Tomás Ferreira, R. A., Boavida, A. M., & Menezes, L. (Eds.) (2014). Atas do XXV Seminário de Investigação em Educação Matemática. Braga: APM., pp. 311–325

RICHIT, Adriana; PONTE, João Pedro. Estudos de aula na formação de professores de matemática do ensino médio. **Revista Brasileira de Estudos Pedagógicos**, Brasília, v. 100, n. 1, p. 54-84, 2019.

RICHIT, Adriana. PONTE, João Pedro da. QUARESMA, Marisa. Aprendizagens Profissionais de Professores Evidenciadas em Pesquisas sobre Estudos de Aula. **Bolema**, Rio Claro (SP), v. 35, n. 70, p. 1107-1137, ago. 2021.

RICHIT, Adriana. Estudos de aula na perspectiva de professores formadores. Revista Brasileira de Educação. v. 25 e250044, 2020.

SHULMAN, L. Those Who Understand: Knowledge Growth in Teaching. **Educational Researcher**. v.15, n. 2., p.4-14, Feb.1986.

Ensino de Equações: Uma Experiência com Lesson Study

Marglis Rech[1]
Maria Madalena Dullius[2]
Iúri Baierle Bertollo[3]

Introdução

Os desafios enfrentados pelos professores para desenvolver as habilidades dos alunos e melhorar o processo de aprendizagem são uma realidade constante na educação. Concebendo e planejando com base em suas práticas, os educadores buscam constantemente maneiras eficazes de promover o desenvolvimento dos estudantes.

Nesse contexto, a metodologia Lesson Study surge como uma opção para os professores melhorarem suas aulas. Originada no Japão no final do XIX, essa prática sistemática de pesquisa, desenvolvimento e aprimoramento do ensino foi impulsionada pela preocupação dos professores em atender às necessidades individuais de seus alunos.

Com a reflexão contínua como requisito essencial nos processos de ensino e aprendizagem, o Lesson Study se tornou uma abordagem colaborativa e de aprendizagem mútua, permitindo que os educadores trabalhem em equipe para analisar, ajustar e melhorar suas estratégias pedagógicas, visando proporcionar uma educação mais significativa e eficaz para os alunos.

De acordo com os estudiosos Stigler e Hiebert (1999), Fernandez e Yoshida (2004) e Lewis e Hurd (2011), essa metodologia representa uma abordagem colaborativa que engloba a reflexão e a análise crítica das práticas pedagógicas visando aperfeiçoar a qualidade do ensino e da aprendizagem dos

---

1 Colégio Marista São Luís
2 Universidade do Vale do Taquari - Univates
3 Graduando da Universidade do Vale do Taquari - Univates

alunos. Além disso, essa abordagem pode auxiliar na identificação e resolução de problemas específicos relacionados ao ensino em uma escola ou região, abrangendo diversas áreas do conhecimento.

Diferentes autores apresentam etapas para o desenvolvimento do Lesson Study. Fuji (2016) apresenta que um ciclo deve conter cinco etapas: definição de objetivo, planejamento da aula, aula de investigação, discussão pós-aula e reflexão. Embora o autor apresenta cinco etapas para o desenvolvimento de um Estudo de Aula, destaca que pode haver ainda uma etapa de *re-teaching*. Já Murata (2011), propõe que um ciclo do modelo japonês tenha quatro etapas ou eventualmente cinco, caso se considere necessário rever e reaplicar a aula de investigação melhorada a um novo grupo de alunos.. As etapas propostas por Murata (2011) são: estudo do currículo e definição de objetivos; planejamento, condução da aula de pesquisa e reflexão. Ponte *et al* (2012), sugere três etapas: estudo e planejamento, aula observada, e reflexão e seguimento. Essa abordagem se organiza em cinco momentos principais em que os professores trabalham colaborativamente: formulação de objetivos para a aula de investigação, planejamento, concretização/lecionação, reflexão e, se desejável, repetição dessa aula.

Pelos exposto, ressalta-se que a metodologia *Lesson Study* se concentra na investigação da aula pelo próprio professor, compreendendo essencialmente as seguintes etapas: (1) planejamento colaborativo; (2) execução da aula; e (3) reflexão da aula, buscando tanto a sua melhoria específica quanto o aprimoramento do trabalho docente. Em suma, o processo da metodologia *Lesson Study* é dividido da seguinte forma:

Etapa 1: Planejamento Colaborativo - Nesta etapa, os professores envolvidos no grupo colaborativo discutem ideias que auxiliam no planejamento, inicialmente identificando um objetivo a ser alcançado. A discussão é centrada na aprendizagem dos alunos de um determinado ano, na aquisição das competências e habilidades em relação ao tópico em estudo.

Os professores compartilham experiências, materiais, livros e conhecimentos que contribuem para o planejamento, o qual é realizado por meio da proposição de uma sequência didática que antecipa possíveis reações e eventuais dificuldades. A sequência didática é discutida entre os colegas do grupo colaborativo antes da execução.

Etapa 2: Execução da Aula - A aula é ministrada pelo professor, que precisa estar atento às dúvidas dos alunos, ao tempo planejado para a realização das atividades, entre outros aspectos, com especial ênfase na participação ativa dos alunos nas tarefas. A aula é observada pelos colegas que fazem parte do grupo colaborativo, os quais registram aspectos que merecem discussão e reflexão no grupo.

Etapa 3: Reflexão sobre a Aula - Após observarem a aula em ação, tanto o professor quanto os observadores têm a oportunidade de revisar os acontecimentos à luz do desempenho e participação dos alunos. Eles analisam criticamente se os objetivos da aula planejada foram alcançados e sugerem possíveis melhorias ou variações na sequência de atividades. Os professores colaboradores avaliam se é necessário replanejar essa aula.

Após a conclusão das etapas os professores têm a opção de iniciar um novo ciclo caso percebam que o objetivo não foi alcançado. A *Lesson Study* frequentemente envolve múltiplos ciclos, cada um construído sobre o anterior. Durante cada ciclo, os professores identificam uma nova questão ou meta e repetem as três etapas da metodologia.

Conforme os ciclos avançam, os educadores acumulam novas ideias e estratégias que podem ser utilizadas para aprimorar ainda mais a qualidade do ensino. Por fim, os professores compartilham suas reflexões, análises e ajustes com a comunidade educacional, discutindo como esses resultados podem ser aplicados em outros contextos de ensino e aprendizagem. Após o compartilhamento, o ciclo pode ser reiniciado até que as metas sejam atingidas ou os educadores estejam satisfeitos com os resultados.

Neste capítulo apresenta-se uma experiência de lesson study desenvolvida com o objetivo de abordar o ensino de equações.

Metodologia

O enfoque utilizado para o estudo apresentado neste capítulo foi de natureza qualitativa e interpretativa (BOGDAN & BIKLEN, 1994), tendo como fundamento a técnica de observação participante (JORGENSEN, 1989). Essa pesquisa foi realizada por meio da participação ativa de três professoras, sendo que uma é pesquisadora e autora deste capítulo e ocorreu durante o período entre agosto e dezembro de 2022.

Para o desenvolvimento do *Lesson Study*, a pesquisadora, primeira autora deste capítulo, assumiu o papel de facilitadora do grupo, em uma instituição de ensino privada localizada em Santa Cruz do Sul, Rio Grande do Sul, onde também é professora. Para isso, convidou duas colegas professoras que possuem experiência em colaboração e têm o hábito de realizar o planejamento em equipe.

O fato de essas professoras terem um tempo semanal disponível para o planejamento foi fundamental para que aceitassem participar. Dentre essas professoras, a pesquisadora leciona matemática nos 8° e 9° ano, outra ministra a mesma disciplina nos 6° e 7° anos, enquanto a terceira é responsável pelas aulas de Ciências nos 8° e 9° anos.

Assim, entendeu-se que este grupo de professoras poderia trabalhar questões relativas ao ensino e à aprendizagem de Matemática e de Ciências, em particular, no desenvolvimento de estratégias que contribuíssem para a integração de recursos tecnológicos em suas aulas. A utilização das tecnologias na sala de aula é um processo difícil e que requer suporte ao professor. Neste sentido, é importante desenvolver trabalho colaborativo que pode constituir um contexto promissor para o desenvolvimento profissional do professor.

Na realização desta experiência com a metodologia *Lesson Study*, inicialmente adotou-se o modelo de Fujii, que é composto por cinco etapas (Estabelecimento de metas, Planejamento de aulas, Lição de pesquisa, Reflexão pós-lição e Reflexão). Porém, no processo desenvolvido, houve uma adaptação, onde as metas e o planejamento foram agrupados em uma única etapa, bem como a reflexão pós-lição e a reflexão. Assim, resumimos a *Lesson Study* a três etapas, como veremos em seguida.

No início do ciclo da *Lesson Study*, a pesquisadora e facilitadora deste grupo, propôs às professoras a leitura de três artigos de forma a ajudar a entender o conceito da metodologia que iriam realizar. Os artigos selecionados fazem parte do conjunto de textos discutidos inicialmente no grupo de pesquisa (GPET)[4] em que a pesquisadora participa.

O primeiro artigo, intitulado "O estudo de aula como processo de desenvolvimento profissional", da autoria de Marisa Quaresma, João Pedro da Ponte,

---

4   GPET – Grupo de pesquisa em experimentação e tecnologias – é um grupo de pesquisa formado por: pesquisadores/professores da Univates, mestrandos e doutorandos, do PPGECE e PPGEnsino, bolsistas de iniciação científica e professoras da Educação Básica.

Mónica Baptista e Joana Mata-Pereira; o segundo, "A pesquisa de aula (Lesson Study) como ferramenta de melhoria da prática na sala de aula, da autoria de Yuriko Yamamoto Baldin e Thiago Francisco Felix e, um terceiro, intitulado "Estudos de Aula ("Lesson Study") como metodologia de formação de professores" de Marco Aurélio Jarreta Merichelli e Edda Curi.

A leitura e discussão dos artigos buscou ajudar os participantes a compreender os aspectos mais relevantes do Lesson Study. Apesar de os artigos terem diferentes objetivos, contextos distintos e terem sido desenvolvidos em níveis de ensino diferentes, o grupo percebeu que a metodologia constitui uma estratégia para promover a melhoria da aprendizagem e, em simultâneo, o desenvolvimento profissional dos professores.

A partir dessa discussão, as professoras convidadas se interessaram por conhecer na prática o processo, tendo a professora de Matemática dos 6° e 7° anos, expressado vontade de realizar a execução da aula de investigação em uma das suas turmas. Entretanto, numa das reuniões do grupo, foi definido o objetivo da *Lesson Study*. A prioridade era criar com os professores estratégias para promover a integração da utilização de recursos tecnológicos na aprendizagem da Matemática e da Ciências.

Partindo deste pressuposto, no encontro seguinte, foi selecionada a turma de 7° ano, com 29 alunos. Neste encontro, ainda foi formulada a questão orientadora: "Como ensinar expressões algébricas no 7° ano usando *softwares*, jogos e simuladores?".

Para construir o planejamento, no encontro seguinte, foram realizadas buscas de *softwares*, simuladores e jogos que envolviam o conteúdo de expressões algébricas. Para tanto, realizou-se o planejamento da aula de investigação, com a finalidade de "ensinar e aprender expressões algébricas com recursos tecnológicos".

Esse planejamento ocorreu em dois encontros de duas horas e foi construído pelas três professoras, onde a professora titular da turma assumiu maior protagonismo uma vez que, sendo a professora da turma, conhecia melhor as dificuldades dos estudantes. O planejamento da aula teve como principal objetivo introduzir as expressões algébricas, em particular, levar os estudantes a associarem representações matemáticas de expressões algébricas às mesmas, formuladas em linguagem natural.

Para a execução da aula e desenvolvimento da atividade, a professora titular do 7° ano começou por apresentar um exemplo em linguagem natural, "um número elevado a 4" e escreveu a expressão algébrica correspondente, representando no quadro , com a participação dos estudantes. Em seguida, iniciou a primeira tarefa (APÊNDICE A), onde foi proposto aos estudantes que realizassem a associação da expressão algébrica escrita em linguagem natural e com a expressão algébrica em linguagem simbólica.

Na tarefa 2, os estudantes deveriam representar a expressão algébrica em linguagem matemática, a partir de uma proposta em linguagem natural. Apesar da professora ter dado apenas um exemplo antes de começar a próxima atividade, esta refletia com os estudantes sempre que surgiam dúvidas.

Pela observação, percebeu-se que os estudantes tiveram mais facilidade na realização da primeira questão, pois bastava associar as expressões que estavam representadas de formas distintas. No nosso entendimento, isto ocorreu pelo fato de se apresentar a expressão algébrica escrita em linguagem natural e em simbologia matemática. Na segunda parte da tarefa, os estudantes deveriam escrever em linguagem matemática a expressão que estava em linguagem natural.

Após a realização da primeira tarefa, a professora pediu aos estudantes que se mantivessem em seus lugares para a realização de um jogo a ser disponibilizado. Cada estudante recebeu um notebook e a professora indicou os *links* a serem utilizados para iniciar o jogo.

Nesta atividade, o jogo "Expressões Algébricas" (Imagem 1), do *link* disponibilizado, tinha como proposta identificar a combinação da expressão algébrica escrita em linguagem natural com uma expressão algébrica em linguagem matemática. A partir da observação, percebeu-se que os estudantes tiveram poucas dificuldades identificando as combinações com facilidade.

Imagem 1 – Jogo de pares de expressões algébricas

Fonte: Autora (2022)

Após a realização do primeiro jogo, a professora disponibilizou um segundo *link*, o jogo da "Simplificação das Expressões Algébricas", onde o objetivo era acertar as toupeiras que estivessem corretas, as quais traziam respostas simplificadas de expressões algébricas, conforme Imagem 2. Neste jogo, os alunos foram um pouco mais demorados para a resolução e surgiram alguns erros nas respostas apresentadas. Este jogo exigia um maior raciocínio do estudante, pois requeria o conhecimento nas quatro operações, além disso, precisavam saber que os termos necessitavam ser semelhantes para realizar a simplificação, ou seja, precisavam perceber que a parte literal das expressões devia ser igual, somente assim poderiam efetuar a operação e obter a resposta.

Imagem 2 – Jogo de simplificação de expressões algébricas

Fonte: Autora (2022)

Esta atividade através de jogos teve uma grande aceitação pelos estudantes, que se envolveram com grande motivação. Inclusive, depois de algumas vezes jogando, os alunos começaram a competir entre si para ver quem mais acertava. Segundo Prensky (2001), a utilização de jogos no contexto educacional tem demonstrado uma grande aceitação por parte dos estudantes, levando a um maior engajamento e motivação. Nesse sentido, é importante ressaltar a competição saudável que surge entre os alunos, onde eles se esforçam para alcançar melhores resultados. Acredita-se que, ao escolher e explorar adequadamente os jogos, é possível utilizá-los como ferramenta auxiliar eficaz na busca dos objetivos do ensino.

Estudos como o de Lee *et al.* (2014) destacam que os jogos podem auxiliar na redução de possíveis déficits de aprendizagem em áreas como Matemática e outras disciplinas. Ao oferecerem um ambiente lúdico e desafiador, os jogos proporcionam uma abordagem diferenciada, despertando o interesse dos alunos e incentivando uma postura mais ativa em relação ao processo educacional. Além disso, é importante observar que, com o auxílio dos jogos, é possível notar melhorias nos resultados escolares dos alunos.

De acordo com a contribuição de Mayer (2001), os jogos podem desempenhar um papel fundamental na construção do conhecimento na área de expressões algébricas. Compreendendo a importância dessa abordagem, a professora encerrou a aula com uma atividade de grupo em que os estudantes formaram equipes de 5 ou 6 alunos. Foi introduzida a tarefa final, denominada "Jogo da memória das expressões algébricas" (APÊNDICE B), que tinha como objetivo principal estabelecer a associação entre a expressão algébrica apresentada em linguagem natural e a sua representação matemática, conforme apresentado na imagem 3.

Imagem 3 – Alunos jogando o "Jogo da memória das expressões algébricas"

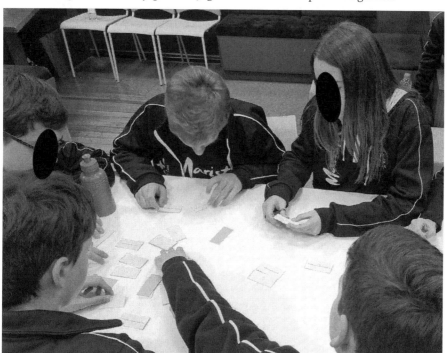

Fonte: Autora (2022)

Os resultados obtidos nessa atividade indicaram que os alunos haviam compreendido com clareza a correspondência entre as expressões algébricas expressas de maneiras distintas. Observou-se que os estudantes conseguiam identificar com facilidade os pares corretos no jogo, demonstrando uma rápida capacidade de conexão entre as diferentes representações.

Cabe destacar que a aula ocorreu em dois períodos de 45 minutos, os quais foram divididos 30 minutos para a primeira atividade, onde a professora ainda apresentou a proposta da aula e o conteúdo a ser trabalhado. Os próximos 30 minutos foram destinados para os jogos dos *links* e nos outros 30 minutos foi realizado o jogo da memória.

Esta aula de investigação contou apenas com a presença da pesquisadora que observou e gravou a aula. A aula foi gravada em áudio e vídeo para posterior reflexão e a pesquisadora observou a aula fazendo anotações do processo de ensino e aprendizagem. Por fim, no dia seguinte ocorreu a reflexão da aula investigativa com a presença das três professoras envolvidas.

Durante essa reflexão, foi levantada a discussão sobre a divisão das atividades, sendo observado que os alunos ficaram particularmente envolvidos na segunda tarefa, envolvendo jogos online. Eles demonstraram grande interesse nessa atividade, o que levou alguns alunos a atrasar para a terceira tarefa, diminuindo o tempo dedicado à ela. Essa constatação nos leva a refletir sobre como a integração de recursos digitais nas aulas pode motivar os alunos a aprender.

Autores como Gee (2003) destacam a importância da utilização de recursos digitais, como jogos e *softwares*, na sala de aula, enfatizando que eles podem ser uma poderosa ferramenta para engajar os alunos no processo de aprendizagem. Através destes recursos, os estudantes podem experimentar, explorar e aprender de uma maneira mais ativa e motivadora.

Após a reflexão da aula anteriormente descrita, a professora dos 6º e 7º anos, realizou a aula planejada em outra turma de 7º ano, com 31 alunos. Nesta turma a aula iniciou de forma idêntica à aula anterior, tendo a professora apresentado o conteúdo e os objetivos a serem alcançados pelos estudantes.

Na segunda etapa da aula, a professora desafiou os alunos a jogarem o jogo da memória. Nesta turma registrou-se um maior interesse pelo jogo do que a turma anterior. Os últimos 30 minutos foram reservados para os jogos nos tablets.

Os alunos mostraram grande interesse pela atividade e resolveram com mais rapidez do que na primeira turma. No final da aula, os alunos mostraram-se felizes e solicitaram outro momento para jogar novamente. Diante disso, refletimos como se deu o processo de construção e identificação das expressões algébricas a partir do planejamento realizado pelo grupo.

Entendemos que os recursos tecnológicos têm grande potencial no ensino de expressões algébricas, de modo a tornar a aprendizagem mais significativa, motivadora, atrativa e espontânea, onde o ensino não obedece a uma organização rigidamente linear, como se todo conteúdo tivesse que ser estruturado e apresentado de modo fragmentado, passo a passo. Além disso, vale ressaltar que os alunos se mostraram interessados para a realização das atividades, participando de todas elas com dedicação e motivação.

Estes ciclos da *Lesson Study* decorreram no segundo semestre de 2022, no 7° ano dos Anos Finais do Ensino Fundamental. Todas as aulas foram gravadas em vídeo e a pesquisadora teve o papel de observadora e participante no desenvolvimento do processo. Esse é, portanto, o contexto considerado para a produção de dados para este capítulo.

A partir das gravações das aulas de investigação, foram selecionados episódios específicos para uma análise detalhada. Essas situações foram escolhidas de acordo com a forma como os alunos se envolviam com as tarefas propostas. Ou seja, foram identificadas cenas nas quais era possível observar o envolvimento dos alunos com as atividades, expressão de dúvidas sobre o conteúdo e os jogos, discussões sobre possibilidades de construção, além de momentos nos quais os alunos se engajavam verbalmente na aula.

A gravação das aulas teve como objetivo fornecer subsídios para os momentos de análise e reflexão no grupo de professores, além de incentivar a participação dos professores na discussão sobre o que ocorreu em sala de aula. Esses momentos de análise e reflexão da situação vivenciada em sala de aula ocorreram durante o quinto encontro do grupo de professoras. A importância de utilizar gravações de aulas como ferramenta de análise e reflexão é destacada por autores como Laurillard (2002), que ressalta a utilidade desses recursos para compreender em detalhes as interações entre alunos e professores, bem como para promover a reflexão sobre as práticas pedagógicas.

Com a realização desses ciclos, ficou evidente que a metodologia *Lesson Study* possui um potencial significativo para contribuir com a melhoria do ensino e aprendizagem da Matemática, bem como para o desenvolvimento profissional dos professores. As professoras envolvidas ressaltaram a importância de trabalharem juntas, reconhecendo que os momentos de planejamento em conjunto e de reflexão são fundamentais para a criação de aulas eficazes e resultados satisfatórios na aprendizagem.

O envolvimento dos professores no processo reflexivo, tomando como ponto de partida os processos de aprendizagem dos alunos, vai além da mera análise do próprio desempenho metodológico e didático. Essa abordagem está em contraste com as práticas atuais de desenvolvimento profissional, que geralmente se baseiam em cursos e oficinas de atualização metodológica e técnica.

Autores renomados no campo da *Lesson Study* apoiam a ideia de que essa abordagem reflexiva e colaborativa é essencial para o desenvolvimento profissional dos professores. Como afirma Stigler e Hiebert (1999), "o *Lesson Study* cria uma estrutura em que os professores podem aprender com a experiência uns dos outros e melhorar seu ensino de forma sistemática".

A abordagem da *Lesson Study* é amplamente apoiada por autores renomados na área educacional, que reconhecem sua importância para o desenvolvimento profissional dos professores. Stigler e Hiebert (1999) destacam que o *Lesson Study* proporciona uma estrutura que permite aos professores aprender com a experiência uns dos outros, promovendo uma melhoria sistemática no ensino.

Essa abordagem reflexiva e colaborativa é essencial, pois ela vai além do mero aprimoramento técnico e metodológico do professor. Ela permite que os professores considerem ativamente os processos de aprendizagem dos alunos como ponto de partida para sua atividade reflexiva, o que resulta em uma compreensão mais profunda das necessidades e dificuldades dos estudantes.

Ao participarem do processo de *Lesson Study*, os professores são incentivados a trabalharem em equipe, compartilharem práticas pedagógicas, discutirem desafios e buscarem soluções conjuntas. Essa colaboração leva a uma troca valiosa de ideias e *insights* entre os professores, ampliando seu repertório de estratégias de ensino e promovendo uma abordagem mais eficaz.

Além disso, o *Lesson Study* permite que os professores realizem observações detalhadas em sala de aula e analisem cuidadosamente as reações e progresso dos alunos. Essa análise minuciosa possibilita uma compreensão mais precisa do processo de aprendizagem, identificando possíveis lacunas e áreas que necessitam de aprimoramento.

Dessa forma, a abordagem reflexiva da *Lesson Study* vai além das práticas tradicionais de desenvolvimento profissional, como cursos e oficinas de atualização metodológica. Ela promove uma reflexão crítica sobre a própria prática pedagógica, envolvendo os professores em uma aprendizagem contínua e colaborativa, que tem como objetivo principal a melhoria efetiva do ensino e aprendizagem.

Durante a implementação da metodologia *Lesson Study* e o desenvolvimento dos ciclos, algumas fragilidades foram identificadas, sendo a disponibilidade de tempo, a predominante. Essa questão é abordada por autores como Lewis e Tsuchida (1997), que ressaltam a importância de um planejamento adequado para garantir tempo suficiente para as etapas do *Lesson Study*, incluindo a reflexão e a coleta de dados.

Além disso, o grupo de professoras reconheceu a importância de promover um planejamento mais abrangente, incluindo a execução prévia das atividades ou jogos propostos para os alunos. Isso está de acordo com a recomendação de Fernandez e Yoshida (2004), que enfatizam a importância de os professores experimentarem as atividades antes de implementá-las em sala de aula, a fim de identificar possíveis desafios e dificuldades que os alunos possam enfrentar.

A necessidade de um planejamento mais amplo também é enfatizada por Takahashi (2017), que destaca a importância de realizar múltiplas aulas de investigação para uma coleta de dados mais robusta e uma reflexão mais aprofundada. Isso permite que os professores tenham uma visão mais abrangente do impacto de suas práticas pedagógicas na aprendizagem dos alunos.

Portanto, é fundamental que a *Lesson Study* considere não apenas a disponibilidade de tempo adequada, mas também a realização de um planejamento mais detalhado, contemplando a prévia execução das atividades e um número suficiente de aulas de investigação para uma análise completa e embasada.

Referências

FERNANDES, S. B. A prática do Lesson Study no desenvolvimento profissional docente: Uma revisão de pesquisas. **Educação e Pesquisa**, v. 46, p. 1-18, 2020.

FERNANDEZ, C.; YOSHIDA, M. **Lesson Study**: A case of a Japanese approach to improving instruction through school-based teacher development. Mahwah, NJ: Lawrence Erlbaum Associates, 2004.

GEE, J. P. **What video games have to teach us about learning and literacy**. Computers in Entertainment (CIE), v. 1, n. 1, p. 20-20, 2003.

FUJII, T. **Designing and adapting tasks in lesson planning: A critical process of lesson study.** ZDM Mathematics Education, v. 48, n. 4, p. 411–423, 2016

LAURILLARD, D. **Rethinking university teaching:** A framework for the effective use of educational technology. 2nd ed. London: Routledge, 2002.

LEE, D. J. *et al.* Digital games and learning mathematics: Student, teacher and parent perspectives. **British Journal of Educational Technology,** v. 45, n. 5, p. 902-920, 2014.

LEWIS, C.; TSUCHIDA, I. Planned educational change in Japan: The shift to Lesson Study. **Journal of Educational Policy,** v. 12, n. 3, p. 313-331, 1997.

MAYER, R. E. **Multimedia learning.** Cambridge: Cambridge University Press, 2001.

MURATA, A. **Conceptual Overview of Lesson Study.** In: HART, L. C.; ALSTON, A.; MURATA, A. Lesson Study Research and Practice in Mathematics Education. Atlanta/EUA: Springer, 2011.

PONTE, João Pedro; BAPTISTA, Mónica; VELEZ, Isabel; COSTA, Estela. **Aprendizagens profissionais dos professores através dos estudos de aula.** Perspectivas da Educação Matemática, Campo Grande, v. 5, p. 7-24, 2012.

PRENSKY, M. **Digital natives, digital immigrants.** On the Horizon, v. 9, n. 5, p. 1-6, 2001.

STIGLER, J. W.; HIEBERT, J. **The teaching gap:** Best ideas from the world's teachers for improving education in the classroom. New York: Free Press, 1999.

TAKAHASHI, A. **Lesson Study:** A Handbook of Teacher-Led Instructional Change. London: Routledge, 2017.

APÊNDICE A – Tarefa de expressões algébricas

|Ensino Fundamental Anos Finais

Estudante:_____

Ano: 7° Turma:_____

Data:

Componente Curricular: Matemática

1. Associe as colunas:

O quadrado de um número	$3y + 10$
O antecessor de um número	a^4
A quarta potência de um número real a	$a \cdot b$
A diferença entre dois valores	$b + 8$
O triplo de um valor acrescentado de dez	a^2
O dobro de um número menos quatro	$b - 1$
A soma de um número com oito	$a - b$
O sucessor de um número	$2b - 4$
O produto entre dois valores	$x + y$
A adição dos números reais x e y	b^3
O cubo de um número b	$a + 1$
O quádruplo de um número	$a/2$
A terça parte de um número	$2b$
O dobro de um número	$4b$
A metade de um número	$b/3$

2. Represente as expressões algébricas:

a) A terça parte de um número a. _____.

b) A soma do dobro do número x com cinco. _____.

c) O quadrado do número x. _____.

d) A soma de um número x com dezesseis. _____.

e) A diferença entre o quadrado e o quádruplo do número x. _____.

f) O produto do inteiro x por sete. _____.

g) A soma do quadrado do número x com o triplo do número y. _____.

h) O produto dos quadrados dos números x e y. _____.

i) A soma entre o número a e o número b: _____.

j) A diferença entre o número x e o triplo do número y: _____.

k) O cubo de um número somado ao quádruplo de outro número: _____.

l) A quinta potência de um número: _____.

APÊNDICE B – Peças do Jogo da memória

O quadrado de um número	x^2
O antecessor de um número	$x - 1$
A quinta potência de um número real b	b^5
A diferença entre dois valores	$x - y$
O triplo de um valor acrescentado de dez	$3x + 10$
O dobro de um número menos cinco	$2x - 5$
A soma de um número com dez	$x + 10$
O produto entre dois valores	$a.b$
A adição dos números reais b e c	$b + c$
O cubo de um número	x^3
O quádruplo de um número	$4x$
A terça parte de um número	$x/3$
O dobro de um número	$2x$
A metade de um número	$x/2$
O sucessor de um número	$x + 1$

Geometria espacial, metodologia de estudos de aula e tecnologias assistivas: um estudo na perspectiva da Etnomatemática

Maria de Fátima Nunes Antunes[1]
Ieda Maria Giongo[2]
Francisca Melo Agapito[3]
Hilbert Blanco-Álvarez[4]

Introdução

O presente artigo é um recorte da proposta de tese de doutorado em Ensino de Ciências Exatas da Universidade do Vale do Taquari-Univates, localizada em Lajeado/RS, no Brasil, da primeira autora, intitulada "Surdos, Tecnologias Assistivas e Estudos de Aula: uma perspectiva Etnomatemática em foco". Nesse sentido, analisou-se a cultura surda e suas interlocuções com a etnomatemática e as especificidades do grupo em questão, como a sua forma de saber/fazer a matemática, em sala de aula, inclusive com ouvintes. Esse saber/fazer está atrelado à Libras – a língua - e aspectos que emergem da experiência visual, bem como sua percepção de modificar o mundo para adquirir o conhecimento (STROBEL, 2018). A Lei nº 10.436/2022 (BRASIL, 2022) estabelece que a Língua Brasileira de Sinais (Libras) é a natural do surdo; e a Portuguesa, a segunda. Ademais, respalda a inserção da Libras em todos os espaços da sociedade e também na sala de aula comum na qual há surdos incluídos[5].

---

1   Universidade do Vale do Taquari - Univates

2   Universidade do Vale do Taquari - Univates

3   Universidade Federal do Maranhão - UFMA.

4   Universidade de Narino, Colômbia.

5   Esta pesquisa teve apoio do Conselho Nacional de Desenvolvimento Científico e Tecnológico - CNPq por meio do edital CNPq no. 26/2021 – apoio à Pesquisa Científica, Tecnológica e de Inovação: bolsas no exterior.

Isso posto, o **objetivo geral** é identificar os indicadores em níveis 1) Motivadora/Exploratória, 2) Político/avaliação e 3) Amplificador/Articulador, a partir de duas ações, no desenvolvimento atividades de geometria espacial, em duas turmas dos anos iniciais, com surdos incluídos, de duas escolas públicas de Mato Grosso, Brasil, concebida pela etnomatemática na visão de Blanco-Álvarez (2022). Para a geração de dados, utilizaram-se filmagens, diário de campo, observação participante e tarefas impressas, com o uso do *GeoGebra* como uma Tecnologia Assistiva em duas turmas; uma do 4º/2021; outra, do 3º/2022, ambas dos anos iniciais e com um estudante surdo incluído. As tarefas foram elaboradas, desenvolvidas, redesenhadas e avaliadas por meio de uma formação continuada de professores que atendiam estudantes surdos nos anos iniciais, e a metodologia da pesquisa foi o Estudo de Aulas.

Após serem transcritos, os dados foram classificados de acordo com os indicadores Dimensões, Componentes e Indicadores (BLANCO-ÁLVAREZ, 2017, 2021). Segundo o Blanco-Álvarez (2022), após mensurá-los, é possível identificar os seus níveis mediante a articulação da etnomatemática com a matemática escolar, fato explicitado na Figura 2. Dito isso, na próxima seção, abordam-se os conhecimentos acumulados, especificamente os do grupo de surdos, sobre o saber/fazer matemática em sala de aula, na perspectiva etnomatemática, manifestada por aspectos da visualidade, da Língua Brasileira de Sinais (Libras) e sua apreensão de mundo (AGAPITO, 2019).

O olhar da Etnomatemática por meio da cultura surda no ensino da matemática

Nesta seção, discute-se a etnomatemática, que perpassa o ensino dos conteúdos de matemática escolar na perspectiva de perceber e valorizar as especificidades de um determinado grupo – o do surdo-, considerando sua cultura e particularidades de produzir conhecimento matemático. Knijnik (2010) afirma que, na perspectiva etnomatemática, as mulheres, os índios, as crianças no momento de brincar, entre outros, têm diferentes modos de operar a matemática, o que também ocorre com os sujeitos surdos. Agapito (2019, p.183) reforça essa ideia ao sublinhar que "[...] os surdos, que têm suas práticas provindas de processos culturais por eles vivenciados no contato com seus pares e sobre sua condição de visualidade". Assim,

> A Etnomatemática, ao se propor a tarefa de examinar as produções culturais destes grupos, em particular destacando seus modos de calcular, medir, estimar, inferir e raciocinar – isto que identificamos, desde o horizonte educativo no qual fomos socializados, como "os modos de lidar matematicamente com o mundo" -, problematiza o que tem sido considerado como o "conhecimento acumulado pela humanidade" (KNIJNIK, 2010, p. 22).

A enunciação de Knijnik (2010 está em consonância com a de Agapito (2019) pelo fato de determinados grupos, como o dos surdos, terem conhecimentos matemáticos acumulados, motivo pelo qual merecem ser estudados e socializados com os ouvintes. Em efeito, a partir do momento em que se estuda um grupo específico, sua cultura e movimentos com a matemática e o seu cotidiano, busca-se entender, na perspectiva etnomatemática, outros modos de produzir matemática, além da acadêmica e escolar.

No acúmulo de conhecimentos do grupo de surdos, é possível estudar, elaborar, desenvolver e explorar os conteúdos de matemática em turmas comuns nas quais estão incluídos. Mas ensinar a referida disciplina

> [...] a estes sujeitos, **pode ser amplamente potencializado se levarmos em consideração que são um grupo específico, com cultura surda, manifestada por aspectos como sua visualidade, pela Língua Brasileira de Sinais (Libras) e sua apreensão de mundo**. Nesse cenário, a Etnomatemática permite que tais especificidades sejam valorizadas e respeitadas na mediação, possibilitando aprendizagens consistentes, assim como interações com as diferentes situações que envolvem conhecimentos matemáticos (AGAPITO, 2019, p.177, grifo nosso).

Nessa vertente, a etnomatemática favorece a valorização das especificidades de um grupo; neste caso, as do surdo, advindas de sua própria cultura. Em efeito, a experiência deles, intermediada pela Língua Brasileira de Sinais (Libras) e o modo de compreender o mundo, permite que eles obtenham os mesmos resultados que os ouvintes em uma determinada ação; o que difere é a sua forma de operar. Na premissa de que a etnomatemática respeita as particularidades de um grupo, Silva e Almeida (2020, p. 20-21) entendem que o

> Programa Etnomatemático surgiu como uma oportunidade de compreender o saber e o fazer matemáticos das diferentes culturas e grupos sociais e por meio destes levar o aluno a estabelecer relações com a sua própria cultura, suas vivências interpessoais na família, escola e comunidade, promovendo novos conhecimentos.

Na perspectiva de que a etnomatemática oportunize o saber e o fazer matemático em diferentes culturas e grupos, menciona-se o surdo, que foi investigado e tem a sua própria forma de vida advinda da visão e da Libras, das quais emergem os seus próprios jogos de linguagem. Silva e Almeida (2020, p. 140) corroboram essa ideia ao afirmar que "permite-nos pensar na existência de diferentes matemáticas que estão intimamente ligadas à forma de vida nas quais estão inseridas". Nesse caso, estão os surdos, que vivenciam a sua cultura em turmas dos anos iniciais do ensino comum e têm uma forma própria de operar as diferentes técnicas matemáticas. Na sequência, transcrevem-se os procedimentos metodológicos.

Procedimentos metodológicos

O lócus e estudos de aula

O lócus da pesquisa - denominada sequência didática - teve como primeira etapa da investigação uma escola da rede pública, no Município de Guarantã do Norte sendo as professoras pedagogas do 3º e 4º anos e a da Sala de Recursos Multifuncional da escola. Na ocasião, foram discutidas e elaboradas ações, em uma turma inclusiva do 4 º ano, escolhidas pelos professores participantes da escola pública em Guarantã do Norte. Na sequência, a Figura 1 visualiza a localização de Guarantã do Norte/MT/Escola investigada no Brasil.

Figura 1 – Localização de Guarantã do Norte e sua respectiva escola investigada

Fonte: Autores (2023).

De acordo com o Portal da Amazônia (2021), Guarantã do Norte está localizada a setecentos e vinte e cinco quilômetros (725 Km) da Capital de Mato Grosso, Cuiabá, no extremo norte-mato-grossense, às margens da BR 163, Rodovia Cuiabá/Santarém, Brasil, na divisa com o Estado do Pará. O Município tem, aproximadamente, trinta e oito mil e cinco (38,5) habitantes e uma área territorial de quatro milhões, setecentos e sessenta e três mil e três quilômetros quadrados (4.763,3km^2), da qual sessenta e cinco mil e nove (65,9Km^2) é urbana.

Dessa forma, o Estudo de Aulas, ainda incipiente no Brasil, nasceu do desejo de desenvolver uma formação continuada com um grupo de professores que atuava com estudantes surdos, nos anos iniciais, em duas escolas públicas, nos Municípios de Guarantã do Norte e Sinop/MT. Avénia, Blanco-Álvarez e Mosquera (2009) entendem que tal metodologia vem ao encontro dessa formação, independentemente da disciplina e dos conteúdos a serem estudados por grupos de estudos. Em efeito, ela proporciona um direcionamento desde o planejamento das tarefas, a implementação em sala de aula e a avaliação das atividades que foram desenvolvidas. De acordo com o olhar do grupo, poderá haver uma nova aplicação, na mesma sala de aula, ou em outra turma, da mesma tarefa, mas de forma redesenhada. Esse movimento das etapas do Estudo de Aulas, por meio da formação continuada de professores, viabiliza a

[...] aproximação [...] oportunizou aos professores transportar a formação docente para a sala de aula, concretizando a colaboração profissional também na prática cotidiana e, ainda, modificando as relações entre colegas e com os alunos, pois juntos experimentaram e avaliaram a prática desenvolvida (RICHIT; PONTE; TOMKELSKI, 2019, p. 75).

Nesse sentido, no Quadro 1, destacam-se as fases do Estudos de Aula na visão de Castellanos-Sánchez e Blanco-Álvarez (2019), que abrangem as quatro fases, a saber:

Quadro 1 – As etapas do Estudos de Aula de Castellanos-Sánchez e Blanco-Álvarez (2019)

Planejamento das atividades em grupo	Desenvolvimento da atividade e observação da aula	Autoavaliação e Coavaliação	Redesenho das atividades
[...] o grupo de professores, do ensino básico ou secundário, reúne-se para planear uma aula em torno do interesse ensino de um objeto matemático, selecionado (CASTELLANOS-SÁNCHEZ; BLANCO-ÁLVAREZ, 2019, p. 3-4, *tradução nossa*).	[...] um dos professores que participou do projeto gerencia a aula, tentando seguir integralmente o que foi planejado no roteiro, que, evidentemente, não é uma camisa de força, mas sugere-se que seu desenvolvimento seja o mais fiel possível. Para garantir um distanciamento da ação em si e das situações contempladas enquanto a atividade está sendo realizada, os demais professores sentam no fundo da sala ou nas laterais para observar (CASTELLANOS-SÁNCHEZ; BLANCO-ÁLVAREZ, 2019, p. 4-5, *tradução nossa*).	[...] Aula terminada, De preferência, de imediato, é realizada uma mesa redonda, na qual, em primeiro lugar, é realizada uma autoavaliação do desenvolvimento da atividade pelo professor que gerou a aula e depois os professores observadores dão os seus contributos construtivos para a melhorar. A co-avaliação permite que você confronte os outros e considere novas opções. (CASTELLANOS-SÁNCHEZ; BLANCO-ÁLVAREZ, 2019, p. 5, *tradução nossa*).	[...] é formada a partir dos resultados da auto e co-avaliação realizada anteriormente. O redesenho da atividade é o que permitirá seu aprimoramento (CASTELLANOS-SÁNCHEZ; BLANCO-ÁLVAREZ, 2019, p. 5, *tradução nossa*).

Fonte: Adaptado dos autores Castellanos-Sánchez e Blanco-Álvarez (2019).

Como aponta o Quadro 1, na primeira etapa do Estudo de Aulas, o grupo de professores se reúne para discutir e elaborar a tarefa que almeja desenvolver na sala de aula. Castellanos-Sánchez e Blanco-Álvarez (2019, p. 4, tradução nossa) a definem como sendo

> [...] o ponto de partida no processo de reflexão, implicitamente os professores identificarão uma situação da prática docente, discutirão o objetivo perseguido com a atividade, a gestão da sala de aula pelo professor, as instruções que serão dadas ao aluno, a organização das crianças: individualmente ou em grupo, os materiais a utilizar no desenvolvimento da atividade, o tempo considerado necessário, que pode variar entre uma hora ou várias horas ao longo de vários dias. Os professores, ao considerarem a origem, as qualidades e os orçamentos do planejamento de ensino, configuram seus problemas.

Em sintonia com as ideias dos referidos autores, os participantes da pesquisa que atuavam com estudantes surdos nos anos iniciais e pesquisadores convidados se reuniram durante a formação continuada. O propósito foi discutir e elaborar as tarefas de geometria espacial por meio do uso do *GeoGebra*, voltado à janela 3D.

Finda a elaboração de cada tarefa, o Grupo de Estudos avançou para a segunda etapa, também exposta no Quadro 6, que envolveu o desenvolvimento e a observação das atividades em sala de aula como forma de contribuir para as discussões que foram retomadas na próxima fase do estudo. Nesse sentido, Castellanos-Sánchez e Blanco-Álvarez (2019, p. 5, tradução nossa) inferem, que

> [...] a observação da aula é um elemento que permite aos professores refletirem in loco sobre a prática para analisar e compreender o processo de ensino e aprendizagem posto em jogo em sala de aula, mediado pela atividade matemática concebida na primeira etapa.

Para complementar, os autores destacam que os docentes observadores são convidados a disporem de um "[...] roteiro da aula, com o qual eles acompanham a atividade. **Esses professores não intervêm na aula**" (CASTELLANOS-SÁNCHEZ; BLANCO-ÁLVAREZ, 2019, p. 4, tradução nossa, grifos nossos*).* Na terceira etapa ocorreram a autoavaliação e coavaliação, momento em que o Grupo de Estudos se reuniu para avaliar a aula que foi desenvolvida. Assim que essa etapa iniciar, "De **preferência de imediato**, é realizada uma mesa redonda em torno da qual, em primeiro lugar, é feita uma autoavaliação do desenvolvimento da atividade pelo professor que geriu a aula e, depois, os professores observadores dão os seus contributos construtivos para a melhorar" (CASTELLANOS-SÁNCHEZ; BLANCO-ÁLVAREZ, 2019, p. 5, tradução nossa, grifos nossos). Na concepção dos autores "A co-avaliação permite que você confronte os outros e considere novas opções" (CASTELLANOS-SÁNCHEZ; BLANCO-ÁLVAREZ, 2019, p. 5, tradução nossa).

Na última etapa, "[...] O **redesenho da atividade** é o que permitirá seu aprimoramento. Este é o objetivo final do estudo em sala de aula, pois somente assim as experiências de ensino serão enriquecidas, ampliadas, e as atividades estarão mais próximas dos objetivos propostos" (CASTELLANOS-SÁNCHEZ; BLANCO-ÁLVAREZ, 2019, p. 5, tradução nossa, grifo nosso).

Guiados por essa metodologia, os participantes do Município de Guarantã do Norte/MT seguiram os estudos de grupos com os de uma escola pública de Sinop, que eram docentes pedagogos da Sala de Recursos Multifuncional, além de dois professores surdos que atuavam com estudantes surdos nos anos iniciais. A Figura 2 expõe a vista aérea de Sinop/MT.

Figura 2 – Vista aérea do Município de Sinop/MT

Fonte: Sinop (2023, texto digital).

Segundo Souza (2017), a cidade de Sinop está localizada no norte-mato--grossense, distante quinhentos quilômetros de Cuiabá, Capital do Mato

Grosso. O nome deriva das letras iniciais da colonizadora que a projetou - Sociedade Imobiliária Noroeste do Paraná. Atualmente, sua população estimada é de cento e quarenta e oito mil novecentas e sessenta pessoas (148.960); densidade demográfica de vinte e oito mil e sessenta e nove habitantes por quilômetro quadrado ($28,69hab/km^2$) e área territorial de três milhões, novecentos e noventa mil e oitocentos e setenta quilômetros quadrados ($3.990,870km^2$) (IBGE, 2021).

Definido o espaço da pesquisa, foram escolhidos os participantes – professores pedagogos regentes do 3º e 4º dos anos iniciais, a da Sala de Recursos Multifuncional[6] e a tradutora intérprete de Libras (TIL) para a primeira etapa da investigação. Na sequência, eles seguiram a etapa em Sinop/MT, agregando-se aos novos colegas - o professor da Sala de Recursos Multifuncional e dois professores surdos-, compondo, assim, o Grupo de Estudos da segunda etapa da investigação. A primeira execução da proposta da sequência didática envolveu uma turma do 4º ano dos anos iniciais, com surdos incluídos, em uma escola pública de Guarantã do Norte, a fim de qualificar as tarefas de geometria espacial e desenvolver a segunda fase da sequência. Reitera-se que as participantes da primeira escola continuaram os estudos da segunda, investigada em Sinop/MT.

Cumpre lembrar que a primeira e a segunda etapas da investigação foram trabalhadas pelo método Estudo de Aulas[7] em duas escolas públicas – Guarantã e Sinop -, ambas de Mato Grosso. Dos participantes, já citados na primeira etapa, apenas os da escola de Guarantã do Norte/MT discutiram, elaboraram, redesenharam e avaliaram as tarefas de geometria espacial por meio do Estudo de Aulas. Na segunda - em Sinop/MT-, eles participaram com o grupo da escola dessa cidade. Assim, com a primeira versão da sequência didática já construída, as equipes envolvidas puderam apreciar as sugestões da primeira etapa, discutidas e elaboradas pelo primeiro grupo, após a análise e

---

6   As salas de recursos multifuncionais são ambientes dotados de equipamentos, mobiliários e materiais didáticos e pedagógicos para a oferta do atendimento educacional especializado (BRASIL, 2008, texto digital).

7   Que têm "[...] permitido mobilizar a dinâmica das instituições de ensino e organizações docentes com um referencial mais acadêmico e pedagógico e fomentar a aprendizagem colaborativa entre professores, que atuam como pares, para projetar e construir melhores turmas" (ESTUDIO DE CLASE, 2009, p. 27, tradução das pesquisadoras).

aprimoramento das tarefas executadas, com uma turma dos anos iniciais, na qual havia surdos.

Para finalizar as etapas da sequência didática, os professores, por meio do Estudo de Aulas, elaboraram, discutiram, aprimoraram e avaliaram as tarefas de geometria espacial, dando sequência aos trabalhos com o grupo que atuava na escola de Sinop/MT, em uma turma do 3º ano dos anos iniciais, com um surdo incluído. Na ocasião, produziu-se a última versão da sequência didática com o intuito de intensificar as tarefas que já haviam/seriam propostas pelos participantes por meio do Estudo de Aulas. Na continuidade, apresentam-se os instrumentos utilizados para a geração de dados.

Instrumentos da geração de dados

Para a geração de dados, utilizaram-se os instrumentos de filmagem, observação participante, diário de campo e materiais produzidos pelos professores e estudantes em todas as etapas da pesquisa. Assim, o Grupo de Estudos foi composto de docentes pedagogos, docentes da Sala de Recursos Multifuncional, da tradutora intérprete de Libras e professores surdos que atuavam com estudantes surdos em turmas dos anos iniciais. Os participantes e a pesquisadora desenvolveram, na primeira etapa, as tarefas de geometria espacial com uma turma do 4º ano. Convém pontuar que eles seguiram a segunda etapa, agregando-se aos colegas desta. A turma escolhida foi a do 3º ano dos anos iniciais, na qual também estava incluído um estudante surdo, com a intenção de utilizar o *GeoGebra* como uma TA, tendo como apoio o subsídio teórico – metodológico relativo ao campo da etnomatemática. A geração de dados esteve em consonância com a metodologia de Estudos de Aulas - fazendo o uso da geometria espacial com o *GeoGebra* -, fomentando a experiência visual dos surdos.

Por conseguinte, a filmagem, como o diário de campo e a observação participante, foi usada durante a execução do projeto. Assim, a geração de dados ocorreu de acordo com o panorama das Figuras 3 e 4. O primeiro momento evidencia o movimento da formação continuada dos professores; o segundo, o desenvolvimento das tarefas de geometria espacial, em sala de aula comum, com surdos incluídos.

Figura 3 – Organização da sala de filmagem

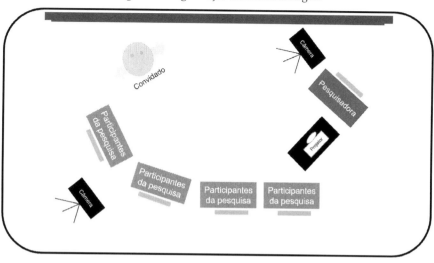

Fonte: Elaborada pelos autores (2021).

Figura 4 – Imagem da organização da sala de aula

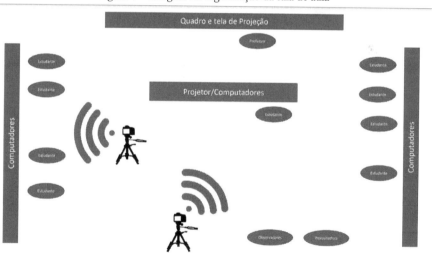

Fonte: Elaborada pelos autores (2021).

Esses instrumentos foram usados, de forma intensa, durante a investigação com a formação de Grupo de Estudos e também no desenvolvimento das tarefas na sala de aula, na turma do 4º ano dos anos iniciais, primeira etapa da investigação, em Guarantã do Norte/MT. Enfatiza-se que se utilizaram os mesmos instrumentos, e os envolvidos na primeira etapa da pesquisa continuaram os estudos com os de uma escola pública de Sinop/MT visando à validação, discussão e elaboração das tarefas de geometria espacial por meio do Estudo de Aula. A posteriori, estas foram implementadas em uma turma do 3º ano dos anos iniciais, em sala de aula, na qual estava incluído um estudante surdo, em uma escola pública de Sinop/MT.

Na seção seguinte, discute-se o instrumento de análise utilizado para classificar alguns dados selecionados pelos pesquisadores. Estes envolvem momentos da primeira e da segunda etapa da investigação.

Instrumentos de análise: indicadores e níveis de articulação na perspectiva etnomatemática

No desenvolvimento das tarefas de geometria espacial, com as turmas dos 3º e 4º dos anos iniciais, em duas escolas públicas no Mato Grosso, utilizou-se como apoio algumas Dimensões, Componentes e Indicadores (BLANCO-ÁLVAREZ, 2017; 2021) para a análise dos dado, conforme Quadro 2.

Quadro 2 – Dimensões, Componentes e Indicadores (BLANCO-ÁLVAREZ, 2017, 2021)

Dimensão	Componente	Indicador
Dimensão epistemológica	Natureza ou posição filosófica	1. É feita referência à matemática como um produto sociocultural.
Dimensão conceitual	Situações problemáticas	2. Objetos matemáticos extracurriculares ou etnomatemática são explicitados em situações-problema. 3. As situações-problema são resolvidas por meio de diferentes procedimentos, algoritmos escolares e extracurriculares.
	Regras (Definições, proposições, procedimentos)	4. São apresentados os procedimentos, definições, representações de objetos matemáticos extracurriculares.
	Argumentos	5. Argumentos baseados em lógicas diferentes das ocidentais são valorizados e respeitados.
	Relações	6. São estabelecidas comparações, relações entre procedimentos, definições, representações de objetos matemáticos escolares e extracurriculares.
Dimensão histórica	Histórias	7. A História da matemática, etnociências, etno-histórias, narrativas, visão de mundo são levadas em conta.

Dimensão	Componente	Indicador
Dimensão educacional	Adaptação curricular	8. Os conteúdos são adaptados às finalidades do Currículo Nacional, Educação Intercultural Bilíngue ou Etnoeducação. 9. Os conteúdos são adaptados aos próprios currículos locais ou projetos educativos institucionais comunitários.
	Conexões intra e interdisciplinares	10. As conexões matemáticas envolvem física, antropologia, história, sociologia, etc.
	Interação com a comunidade	11. A comunidade é levada em consideração no desenho da sala de aula, projetos educacionais, currículo etc.
	Interação professor-aluno-comunidade	12. A participação da comunidade na aula ou no gerenciamento do projeto é incentivada.
	Recursos materiais (manipuladores, calculadoras, computadores)	13. Utilizam-se material didático contextualizado, manuais escolares concebidos numa perspectiva etnomatemática ou ferramentas concebidas pela comunidade para resolver problemas matemáticos, por exemplo, o quipu, o yupana.
	Metodologias	14. São propostos métodos que levam em conta o conhecimento cultural, por exemplo, Microprojetos (Oliveras, 1996), que estão relacionados a signos culturais da comunidade. 15. Funciona para resolver problemas
	Emoções	16. A motivação dos alunos é favorecida para que se interessem e participem. 17. Sua autoestima melhora com o estudo de conteúdos etnomatemáticos relacionados à sua comunidade, cultura e visão de mundo.

Dimensão	Componente	Indicador
Dimensão cognitiva	Conhecimento prévio	18. Os conhecimentos matemáticos prévios dos alunos, relacionados com a sua cultura, são tidos em conta. 19. As formas de raciocínio e argumentação características de sua cultura são levadas em consideração para legitimar seus conhecimentos em sala de aula.
	Criatividade	20. São consideradas formas diversas ou novas de propor soluções para situações-problema.
	Aprendizagem: (conceitos, procedimentos, argumentos e relações entre eles)	21. A avaliação considera os conhecimentos e formas de raciocínio matemático escolar e cultural extracurricular.
Dimensão política	Reconhecimento da diversidade cultural	22. É promovida a reflexão sobre a etnomatemática de diferentes culturas. 23. O reconhecimento e a valorização do pensamento matemático extracurricular são explicitados.
	Justiça social	24. A promoção da equidade, inclusão social e democracia está contemplada. 25. São promovidas reflexões sobre a relação entre indivíduos, comunidade e natureza, mediadas pelo conhecimento matemático.
Dimensão linguística	Expressões idiomáticas	26. O uso de diferentes idiomas é contemplado, visto como uma riqueza da diversidade cultural. 27. Vários modos de escrita e oralidade são contemplados.

Fonte: Blanco-Álvarez (2022, p. 4, tradução nossa).

De acordo com Blanco-Álvarez (2022, p. 4-5, tradução nossa), os indicadores descritos no Quadro 2 visam "[...] classificar as atividades de acordo com o nível de articulação da etnomatemática com a matemática escolar". Em outras palavras,

> [...] podem ser utilizados na elaboração de atividades, sequências didáticas, textos escolares, etc., pois servem de guia para o professor sobre quais elementos podem ser utilizados em seus projetos, levando em consideração que não é necessário que todos se concretizem de uma vez só (BLANCO-ÁLVAREZ, 2022, p. 5, tradução nossa).

Ainda segundo o autor, realizada a classificação dos indicadores nas atividades elaboradas e desenvolvidas, há possibilidades de identificar os seus níveis de articulação da etnomatemática com a matemática escolar (FIGURA 5).

Figura 5 – Níveis de articulação da etnomatemática com a matemática escolar

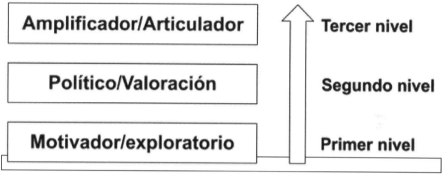

Fonte: Blanco-Álvarez (2022, p. 2).

Transcritos os dados, escolheram-se algumas imagens e depoimentos dos participantes referentes ao desenvolvimento das tarefas de geometria espacial em todas as fases da investigação, bem como os materiais, que foram analisados e, posteriormente, classificados por meio dos indicadores (QUADRO 2). Na sequência, organizou-se a soma dos resultados de acordo com a Figura 5, que trata dos níveis de articulação da etnomatemática com a matemática escolar. Nesse viés, o nível atingiu as tarefas desenvolvidas em sala de aula em consonância com as lentes da etnomatemática.

No seguimento, citam-se os resultados de dois exemplos que emergiram da transcrição de dados, Dimensões, Componentes e Indicadores (BLANCO-ÁLVAREZ, 2017; 2022). Somam-se a isso, os dos níveis de articulações da etnomatemática com a matemática escolar, no viés do movimento do desenvolvimento das atividades de geometria espacial em sala de aula inclusivas.

Discussões e resultados

Nesta seção, apontam-se dois resultados obtidos no desenvolvimento de duas etapas da investigação por meio da sequência didática, cujos participantes foram os professores regentes, a da Sala de Recursos Multifuncional, a tradutora intérprete de Libras e surdos que atuavam com estudantes - também surdos - dos anos iniciais em duas escolas públicas de Mato Grosso. As turmas investigadas foram a do 4º ano em 2021 e a do 3º ano em 2022, ambas dos anos iniciais e com um estudante surdo incluído por meio do Estudo de Aula.

Durante o desenvolvimento dos dois momentos das atividades de geometria espacial em sala de aula, com surdos incluídos, constatou-se o atendimento de vários indicadores. No Grupo de Estudos, formado por professores que atendiam estudantes surdos nos anos iniciais, em duas escolas públicas no Mato Grosso, na segunda etapa da pesquisa, a docente surda foi escolhida para acompanhar a aula em uma turma do 3º ano. Mediante a ilustração da Figura 6 e o depoimento que segue, foram identificados, aproximadamente, oito indicadores.

Figura 6 – Diálogo em Libras da professora surda com o estudante surdo

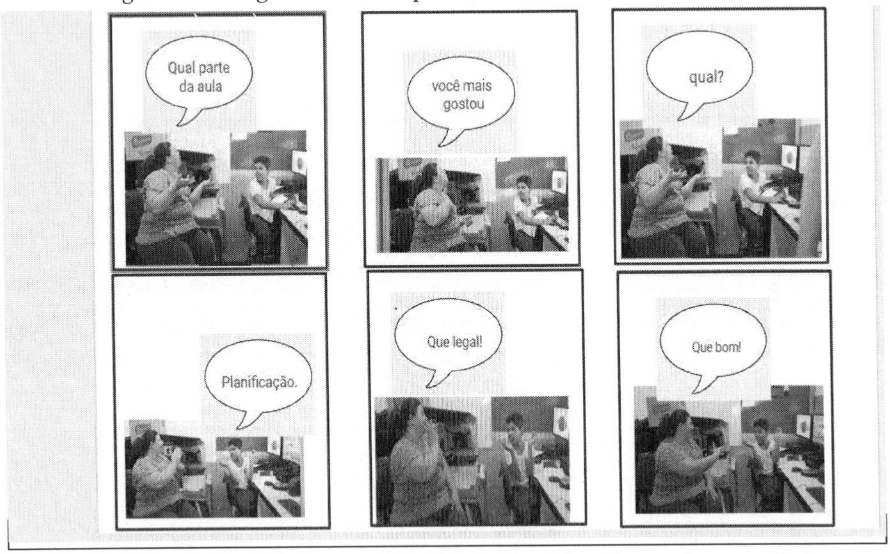

Fonte: Elaborada pelos autores (2023).

Conforme retratado na Figura 6, ao término da atividade do Cubo realizada no *GeoGebra*, a professora surda, usando a Libras posta em suas mãos e a expressão facial, perguntou ao aluno em questão: *De qual parte da aula você mais gostou?* "*Planificação*", respondeu-lhe. "*Que legal!*", ela retrucou, além de acrescentar "*Que bom*"! Esse momento veio ao encontro do indicador de Blanco-Álvarez (p. 3, 2022, tradução nossa) "12. A participação da comunidade na aula ou no gerenciamento do projeto é incentivada". Isso foi possível graças à presença da referida docente para auxiliar o professor regente no desenvolvimento das atividades. Neste sentido, o indicador 12 dialogou com estes: "8. Os conteúdos são adaptados às finalidades do Currículo Nacional, Educação Intercultural Bilíngue ou Etnoeducação; 9. Os conteúdos são adaptados aos próprios currículos locais ou projetos educativos institucionais comunitários" BLANCO-ÁLVAREZ, p. 3. 2022, tradução nossa). Para respaldar os indicadores 12, 8 e 9, de acordo com a Lei 10.436/2002,

> Entende-se como Língua Brasileira de Sinais - Libras a forma de comunicação e expressão, em que o sistema lingüístico de natureza visual-motora, com estrutura gramatical própria, constituem um sistema lingüístico de transmissão de idéias e fatos, oriundos de comunidades de pessoas surdas do Brasil (BRASIL, 2002, texto digital).

Nesse sentido, em todas as tarefas de geometria desenvolvidas com os estudantes surdos em turmas inclusivas, a língua natural do surdo - a Libras- e sua experiência visual foram respeitadas tanto na forma impressa como no *GeoGebra* como uma Tecnologia Assistiva norteados pelo Estudo de Aula. Além da professora surda, esteve presente nas aulas o intérprete de Libras, garantia estabelecida pelo Decreto nº 5.626/2005, que regulamenta a Lei nº 10.436 de 24 de abril de 2002 e dispõe sobre a Língua Brasileira de Sinais - Libras Brasil (BRASIL, 2005, texto digital). Conforme seu art. 14, "As instituições federais de ensino devem garantir, obrigatoriamente, às pessoas surdas acesso à comunicação, à informação e à educação nos processos seletivos" e também "nas atividades e nos conteúdos curriculares desenvolvidos em todos os níveis, etapas e modalidades de educação, desde a educação infantil até à superior" (BRASIL, 2005, texto digital). O referido artigo aponta alguns direitos dos indivíduos em questão e que estão inclusos em todos os níveis de ensino (BRASIL, 2005)[8]. E, também, que todos os direitos possam ser garantidos

---

8 [...] b) a tradução e interpretação de Libras - Língua Portuguesa; e c) o ensino da Língua Portuguesa, como segunda língua para pessoas surdas; II - ofertar, obrigatoriamente, desde a educação infantil, o ensino da Libras e também da Língua Portuguesa, como segunda língua para alunos surdos; III - prover as escolas com: a) professor de Libras ou instrutor de Libras; b) tradutor e intérprete de Libras - Língua Portuguesa; c) professor para o ensino de Língua Portuguesa como segunda língua para pessoas surdas; e d) professor regente de classe com conhecimento acerca da singularidade linguística manifestada pelos alunos surdos (BRASIL, 2005, texto digital).

às pessoas surdas que estão em sala de aula comum inclusiva (FIGURA 6), inclusive a comunicação entre os participantes (professora surda e estudantes surdos). Portanto, os ouvintes se comunicam por meio da Língua Portuguesa, sua primeira língua natural, e o surdo, por intermédio da Libras, o que vem ao encontro das ideias de Agapito (2019, p. 180-181):

> [...] é possível inferirmos que, conforme o contexto que se apresenta, uma determinada palavra adquire uma significação. Essa multiplicidade ganha sustentação de acordo com os jogos de linguagem, com a forma como agimos com eles e sob uma situação específica. A partir do uso de certas palavras, podemos dar sentido às coisas em uma determinada circunstância. O modo como operamos com elas permite uma pluralidade de formas de usos.

O pensamento de Agapito (2019) sobre os diversos tipos de linguagem de grupos diversos, como a do sujeito surdo, está em conformidade com os estudos de Wittgenstein. Arruda Júnior (2017, p. 962) expressa que "Ao considerar a linguagem como uma atividade social, Wittgenstein propõe um novo conceito de *uso* das palavras". Na sequência, complementa que "No contexto pragmático-linguístico admitido por ele, tais usos tornam-se imprescindíveis à atividade prática da língua humana porque se referem aos *usos* que fazemos das palavras nos mais diversos *jogos* que constituem a nossa linguagem" (ARRUDA JÚNIOR, 2017, p. 962).

Neste sentido, a Figura 6 também atinge o indicador, conforme Blanco-Álvarez (p. 4. 2022, tradução nossa), "14. São propostos métodos que levam em conta o conhecimento cultural, por exemplo, Microprojetos (Oliveras, 1996), que estão relacionados com signos culturais da comunidade". Portanto, ao solicitar que, juntamente com o professor regente e o intérprete de Libras, a professora surda participasse da aula, o Grupo de Estudos entendeu que a interação do estudante surdo com a turma ocorreria se ele contasse com alguém da sua cultura conforme consta na Figura 6. Posto isso, cabe lembrar que "O sujeito surdo, como qualquer ser político, precisa ter garantido seus direitos de participação nos espaços de instrução, assim como nos espaços sociais. É necessário ainda, que seus corpos, suas culturas, sua língua sejam respeitadas, reconhecidos, vistos e empoderados" (NAVEGANTES; KELMAN; IVENIKI, 2016, p. 4). A estratégia da professora surda - estar em sala de aula - também levou o aluno a se sentir motivado a participar da aula com os ouvintes, o que está em conformidade com os indicadores "16. A motivação dos alunos é favorecida, para que se interessem e participem e 17. Sua autoestima melhora com o estudo de conteúdos etnomatemáticos relacionados à sua comunidade, sua cultura, sua visão de mundo" (BLANCO-ÁLVAREZ, p. 4. 2022, tradução nossa).

Com efeito, as atividades impressas de forma visual, fazendo o uso do *GeoGebra* na janela 3D, favoreceram a interação entre os ouvintes e surdos em sala de aula. Essa observação vem ao encontro das ideias de Perlin e Strobel (2014, p. 25), pois, "Assim como ocorre com as diferentes culturas, a cultura surda é o padrão de comportamento compartilhado por sujeitos surdos na experiência trocada com os seus semelhantes quer seja na escola, nas associações de surdos ou encontros informais".

No final da discussão dos indicadores na Figura 6, Blanco-Álvarez (p. 4. 2022, tradução nossa) observou-se o indicador, "24. A promoção da equidade, inclusão social e democracia está contemplada", quando o estudante surdo fez uso da sua língua, a Libras. Para respaldar a ideia, apontou-se o indicador "19. As formas de raciocínio e argumentação características de sua cultura são levadas em consideração para legitimar seus conhecimentos em sala de aula". Reitera-se que, no percurso do movimento apresentado no resultado da análise na Figura 6, respeitou-se a maneira de o estudante surdo se expressar conforme a sua forma de vida. Na sequência, foram identificados os indicadores, "26. O uso de diferentes idiomas é contemplado, dado como riqueza e 27- Vários modos de escrita e oralidade" (BLANCO-ÁLVAREZ, p. 4. 2022, tradução nossa). Na Figura 6, também estão postas a Língua Brasileira de Sinais e a Língua Portuguesa, representando, respectivamente, os sujeitos surdos e os ouvintes. Para explicar os modos de operar a língua do sujeito surdo, Perlin e Strobel (2014, p.25) declaram que,

> No contexto do povo surdo, os sujeitos não distinguem um do outro de acordo com sua surdez. O mais importante para eles é o pertencimento ao povo surdo por meio do uso da língua de sinais e da cultura surda, que os ajudam a definir as suas identidades.

Para reafirmar a ideia dos autores - os sujeitos surdos se identificam por pertencer ao povo surdo e fazem uso da Libras e da sua cultura -, a Figura 7 retrata a comunicação entre os pares - surdos e ouvintes - na sala de aula comum. O fato ocorreu na primeira etapa da investigação, em uma turma do 4º ano, com um surdo incluído.

Figura 7 – Comunicação em Libras e interação

Fonte: Elaborada pelos autores (2023).

De fato, a Figura 7 explicita que o estudante surdo, por meio da Libras, perguntou à colega ouvinte se a tarefa dele estava certa. Ato contínuo, ela, após olhar, respondeu afirmativamente e, usando o sinal posto em sua mão, disse-lhe: "*Parabéns*".

Essa comunicação do surdo com a ouvinte e a interação com o *GeoGebra* se remetem à etnomatemática, pois, "Do ponto de vista da etnomatemática, o surdo caracteriza-se pela sua cultura, orientada pela visão como artefato, ou seja, possui modos particulares de operar com a matemática" (ANTUNES; GIONGO; AGAPITO, 2021, p. 302). Ao fato de o surdo ter as suas próprias características, soma-se o uso da Libras, que, ao interagir com a colega ouvinte, o referido estudante atingiu estes indicadores:

> [...] 12. A participação da comunidade na aula ou no gerenciamento do projeto é incentivada. [...] 16. A motivação dos alunos é favorecida, para que se interessem e participem. [...]19. As formas de

raciocínio e argumentação características de sua cultura são levadas em consideração para legitimar seus conhecimentos em sala de aula. [...] 24. A promoção da equidade, inclusão social e democracia está contemplada. 26. O uso de diferentes idiomas é contemplado, dado como riqueza e 27- Vários modos de escrita e oralidade (BLANCO-ÁLVAREZ, 2022, p. 3-4, tradução nossa).

Os sobrepostos indicadores apontam que a participação, a motivação, e a garantia dos direitos dos estudantes surdos quanto ao uso da sua língua, a Libras, durante as aulas, em turma inclusiva (FIGURA 7), favoreceram a inclusão desse grupo no dos ouvintes. O fato representa um avanço no reconhecimento dos direitos de participação dos estudantes que constituem o público-alvo da Educação Especial nos diversos espaços (NAVEGANTES; KELMAN; IVENIKI, 2016). Nessa perspectiva, Alves (2016) retrata a importância de se ter um professor surdo em turmas inclusivas, o que leva o estudante - surdo - a se identificar com a própria cultura, possibilitando uma inclusão com mais êxito no campo da escola comum.

Na Figura 8, por meio dos níveis e seus indicadores, é possível identificar os dois exemplos analisados do movimento. Estes aconteceram durante o desenvolvimento das tarefas de geometria espacial, com surdos incluídos, nos anos iniciais.

Figura 8 – Níveis e seus indicadores dos exemplos analisados

Nível	Indicadores
Amplificador/articulador	19.
Política/Avaliação	12, 24, 26, 27.
Motivacional/Exploratório	8, 9, 14, 16, 17.

Fonte: Adaptado de Blanco-Álvarez (2022, p. 2, tradução nossa).

Na Figura 8, por meio de seus níveis e indicadores, após observar o movimento dos dois exemplos nas Figuras 6 e 7, percebe-se que, durante o desenvolvimento das tarefas de geometria espacial, com estudantes/professores surdos e ouvintes, foi atingido o nível 3 - amplificador/articulador - conforme posto nas discussões dos resultados por intermédio do Estudo de Aula na perspectiva etnomatemática. Ao prosseguir, destacam-se algumas reflexões sobre o trabalho.

Considerações finais

Participaram das pesquisas estudantes e professores surdos, bem como ouvintes, envolvendo atividades de geometria espacial, mediante o uso do *GeoGebra* como possibilidade de uma TA, mediante o Estudo de Aulas na perspectiva da etnomatemática. O estudo foi realizado em duas turmas: uma do 3º- Figura 6; outra do 4° (FIGURA 7); ambas dos anos iniciais, em duas escolas públicas no Mato Grosso, no Brasil, nas quais estavam incluídos alunos surdos conforme a seção de discussões dos resultados. Nesse sentido, atingiu-se o nível 3: Amplificador/Articulador (FIGURA 8), haja vista que a essência foi o desenvolvimento de atividades em sala de aula, não na elaboração das tarefas de geometria espacial.

Nesse sentido, constataram-se os aspectos culturais do movimento do grupo de surdos em sala de aula, como o uso constante da sua língua natural – a Libras- e a apreensão de mundo no desenvolvimento das tarefas, diferentes das dos ouvintes, nos dois exemplos analisados. Entretanto, avalia-se que houve equidade entre os pares - surdos e ouvintes -, pois eles desenvolveram as mesmas tarefas de geometria na perspectiva de incluir e não excluir embora aqueles tenham operado de maneira distinta destes, fazendo o uso constante de sua própria cultura, como é notório nos exemplos expostos nas Figuras 6 e 7.

Quanto à motivação/exploração dos participantes, ou seja, a interação entre os pares; nesse caso, professora surda e estudante surdo, ambos se empenharam em realizar as atividades em sala de aula. É relevante enfatizar que foram seguidas as leis e documentos do Brasil para articular o desenvolvimento da aula, como a presença da professora surda, do intérprete de Libras e do professor regente. No segundo exemplo - diálogo entre a estudante ouvinte e seu colega surdo -, comprovou-se o momento da inclusão entre os pares na sala de aula, ou seja, aquela respeitou a cultura deste ao tentar se comunicar em Libras.

Enfim, a reflexão sobre as ações na sala de aula inclusiva com surdos, classificando-os por meio dos seus indicadores (QUADRO 2) resultando no nível 3 (FIGURA 8), permite afirmar que não apenas na elaboração de tarefas, mas também no seu desenvolvimento, foi possível perceber, avaliar e mensurar mediante a perspectiva etnomatemática, mesmo as atividades sendo elaboradas com foco na matemática escolar. Em função disso, os professores foram convidados a avançar nos estudos e, assim, desenvolverem tarefas de matemática na perspectiva etnomatemática com base no Quadro 2, que indica os indicadores dentro das sete dimensões, e na Figura 8, que identifica os níveis de articulação da etnomatemática com a matemática escolar.

Referências

AGAPITO, F. M.; GIONGO, I. M.; HATTGE, M. D. Etnomatemática e ensino de surdos: possíveis aproximações. *Educação Matemática em Revista*, v. 24, n. 65, p. 177-189, 2019.

ALVES, E. O. **O acesso do surdo usuário de libras à educação escolar.** 2016. 180f. Tese (Doutorado em Psicologia Social) – Universidade Federal de João Pessoa, João Pessoa, 2016.

ARRUDA JÚNIOR, G. F. **10 lições sobre Wittgenstein.** Petrópolis, RJ: Vozes, 2017. (Edição digital).

AVÉNIA, G. M.; BLANCO-ÁLVAREZ, H.; MOSQUERA, E. F. El estudio de clase y la formación de licenciados en matemáticas en la Universidad de Nariño. In: Estudio de clase: uma experiencia en Colombia para el mejoramiento de las prácticas educativas. Colombia: Ministerio de Educación Nacional, 2009. p. 93-104.

BLANCO-ÁLVAREZ, H. Clasificación de actividades matemáticas diseñadas desde la etnomatemática. In: LONDOÑO-AGUDELO, I. A.; BLANCO-ÁLVAREZ, H. (Ed.), **Reflexiones sobre Educación Matemática desde la Etnomatemática.** Colombia: Editorial Universidad de los Llanos, 2022. p. 1-10.

BLANCO-ÁLVAREZ, H. Elementos para a formação de professores de matemática a partir da Etnomatemática. 2017. Tese (Doutorado em Didática da Matemática) - Universidade de Granada, Granada, 2017.

BLANCO-ÁLVAREZ, H.; MOLANO-FRANCO, E. A formação de professores de matemática pela Etnomatemática: uma visão decolonial. **Revista de Educação Matemática,** São Paulo, v. 18, 2021, ed. esp., p. e021040.

BLANCO-ÁLVAREZ, H.; CASTELLANOS, M. T. La formación de maestros reflexivos sobre su propia práctica y el estudio de clase.. In: GIONGO, I.M.; MUNHOZ, A. V. (Org.). **Observatório da educação III:** práticas pedagógicas na educação básica. Porto Alegre: Criação Humana / Evangraf, 2017. cap. 4, p. 7-18. *E-book.* Disponível em: https://www.univates.br/editora-univates/media/publicacoes/230/pdf_230.pdf. Acesso em: 04 fev. 2023.

BRASIL. **Decreto nº 5.626, de 24 de dezembro de 2005**. Regulamenta a Lei nº 10.436, de 24 de abril de 2002, que dispõe sobre a Língua Brasileira de Sinais - Libras, e o art. 18 da Lei nº 10.098, de 19 de dezembro de 2000. Brasília: Presidência da República, 2005. Disponível em: http://www.planalto.gov.br/ccivil_03/_ato2004-2006/2005/decreto/d5626.htm. Acesso em: 26 fev. 2023.

BRASIL. **Decreto nº 6.571, de 17 de setembro de 2008.** Dispõe sobre o atendimento educacional especializado, regulamenta o parágrafo único do art. 60 da Lei nº 9.394, de 20 de dezembro de 1996, e acrescenta dispositivo ao Decreto nº 6.253, de 13 de novembro de 2007. Brasília: Presidência da República, 2008. Disponível em: https://www.planalto.gov.br/ccivil_03/_ato2007-2010/2008/decreto/d6571.htm. Acesso em: 26 fev. 2023.

BRASIL. Lei nº 10.436, de 24 de abril de 2002. **Língua Brasileira de Sinais - Libras**. Brasília: Presidência da República, 2005. Disponível em: http://www.planalto.gov.br/ccivil_03/leis/2002/l10436.htm. Acesso em: 26 jan. 2023.

CASTELLANOS, M. T.; BLANCO-ÁLVAREZ, H. Estudio de clase en la formación de maestros reflexivos. In: CONFERÊNCIA INTERAMERICANA DE EDUCACIÓN MATEMÁTICA, 15., 05 a 08 mai. 2019. **Anais [...]**. Medelin, Colombia: Universidad de Antioquia, 2019. Disponível em: https://conferencia.ciaem-redumate.org/index.php/xvciaem/xv/paper/viewFile/532/559. Acesso em: 20 fev. 2023.

ESTUDIO DE CLASE: uma experiência em Colombia para el majoramiento de las prácticas educativas. Bogotá: Ministério de Educación Nacional, 2009.

INSTITUTO BRASILEIRO DE GEOGRAFIA E ESTATÍSTICA (IBGE). **Estimativas 2021**. 2021. Disponível em: https://www.ibge.gov.br/cidades-e-estados/mt/sinop.html. Acesso em: 05 jan. 2023.

KNIJNIK, G. Itinerários da etnomatemática: questões e desafios sobre o cultural, o social e o político na educação matemática. In: KNIJNIK, G.; WANDERER, F.;

OLIVEIRA, C. J. (Orgs.). **Etnomatemática:** currículo e formação de professores. 1. ed. Santa Cruz do Sul, RS. Edunisc: 2010. p. 19-38.

NAVEGANTES, E.; KELMAN, C. A.; IVENIKI, A. Perspectivas multiculturais na educação de surdos. **Arquivos de Análise de Políticas Educacionais**, [S.l.], v. 24, p. 1-11, 2016.

PERLIN, G.; STROBEL, K. História cultural dos surdos: desafio contemporâneo. **Educar em Revista**, Curitiba, Edição Especial, p. 17-31, 2014.

PORTAL DA AMAZÔNIA. **Conheça Guarantã.** 2021. Disponível em: https://www.guarantadonorte.mt.gov.br/Conheca-Guaranta/Geografia/8/. Acesso em: 05 jan. 2023.

RICHIT, A.; PONTE, J. P.; TOMKELSKI, M. L. Estudos de aula na formação de professores de matemática do ensino médio. **Revista Brasileira de Estudos Pedagógicos**, v. 100, p. 54-81, 2019.

SILVA, N. R.; ALMEIDA, J. J. P. **Um portfólio diferente:** A geometria escrita da sua forma. Registros que fazem o professor refletir sobre sua prática. 23f. Produto Educacional Mestrado (Ensino de Ciências e Matemática) – Universidade Estadual da Paraíba, João Pessoa, 2020. Disponível em: http://pos-graduacao.uepb.edu.br/ppgecm/produtos-educacionais/. Acesso em: 04 fev. 2023.

SOUZA, E. A. Reflexões acerca da história de Sinop/MT: imigração e fronteira agrícola. **História e Diversidade**, [S.l.], v. 9, n. 1, p. 96-109, 2017.

STROBEL, K. **As imagens do outro sobre a cultura surda.** 4. ed. 1. reimp. Florianópolis: UFSC, 2018.

Estudos de Aula: utilização de recursos tecnológicos para o ensino de matemática dos anos finais

Ana Paula Krein Müller[1]
Morgana Guadagnin[2]
Marli Teresinha Quartieri[3]

Introdução

A formação continuada dos professores é um tema importante, que precisa ser considerado e estar na pauta de investigações, pois por meio dela os professores podem melhorar a prática pedagógica e se desenvolver profissionalmente. Aliado a isso, é necessário contribuir, por meio de formação continuada, com mudanças nas práticas pedagógicas, auxiliando nas dificuldades enfrentadas no dia-a-dia da sala de aula. Neste contexto, diferentes metodologias podem ser utilizadas, sendo que, neste capítulo, será abordada a metodologia de Estudos de Aula para a formação continuada. Tal metodologia foi desenvolvida com um grupo de professores com o intuito de inserir práticas pedagógicas que envolvem o uso de tecnologias digitais para o ensino de diferentes conteúdos matemáticos, nos Anos Finais do Ensino Fundamental.

A metodologia de Estudos de Aula é um processo de formação, na qual um grupo de professores se reúne para colaborativamente realizar um planejamento buscando atender as dificuldades dos alunos. Em seguida, ocorre um momento de implementação e observação da aula. Depois, acontece a validação do planejamento e replanejamento com adequações, e caso necessário, uma nova implementação.

---

1 Escola Municipal de Ensino Fundamental São Bento
2 Graduanda da Universidade do Vale do Taquari – Univates
3 Universidade do Vale do Taquari – Univates

Neste capítulo, apresenta-se um estudo teórico sobre a metodologia de Estudos de Aula, assim como é discutido sobre a importância da utilização de recursos tecnológicos para os processos de ensino e de aprendizagem. Também serão discutidos resultados de uma atividade desenvolvida com um grupo de professores de matemática do ensino fundamental, de uma escola municipal de Lajeado/RS. Este grupo de professores é o foco de uma pesquisa desenvolvida pelo Edital do PROEDU/FAPERGS[4], denominado "Aplicativos e simuladores no ensino híbrido ou remoto na área das Ciências Exatas" e que tem por objetivo "investigar como uma formação continuada fundamentada no Lesson Study pode auxiliar professores da educação básica na potencialização do ensino híbrido ou remoto na área das Ciências Exatas com a integração de simuladores e aplicativos". Esta pesquisa faz parte das ações desenvolvidas pelo GPET (Grupo de Pesquisa Experimentação e Tecnologias Digitais)

Participaram do referido grupo, dois professores, um que atua em duas turmas do 6º ano e em duas turmas do 7º ano; e outro professor, que atua em duas turmas do 8º ano e em duas turmas do 9º ano. Também participou, deste grupo, a diretora da escola que é graduada em Licenciatura em Ciências Exatas - habilitação em Física, Matemática e Química e participa como pesquisadora voluntária da pesquisa.

O grupo de professores desenvolveu três planejamentos. No primeiro, o grupo elaborou atividades sobre Educação financeira, utilizando os recursos da planilha do Excel do Google e alguns vídeos explicativos e motivacionais. Este planejamento foi explorado pelos dois professores, nas turmas dos 7º e 9º anos. No segundo planejamento, foi elaborada uma proposta pedagógica para abordar o estudo de área e perímetro com os alunos do 7º ano. E, por fim, no terceiro planejamento, foi organizado atividades para estudar funções com o uso da planilha Google abordando a construção de tabelas, gráficos, desenvolvido com turmas dos 9º anos.

Fundamentação teórica

Nesta seção, é apresentada a fundamentação teórica envolvendo a metodologia de Estudos de Aula utilizada como proposta de trabalho com o grupo

---

4   FAPERGS SEBRAE/RS 03/2021 – Programa de apoio a projetos de pesquisa e de inovação na área de Educação Básica

de professores para abordar a utilização de recursos tecnológicos. Também destacam-se apontamentos teóricos que perpassam a importância da utilização desses recursos para os processos de ensino e de aprendizagem na matemática.

Estudos de Aula

Estudos de Aula é "um processo de desenvolvimento profissional de professores, organizados em grupos colaborativos, mediados por pesquisadores, a partir da tematização da prática de sala de aula!". É uma metodologia focada em pesquisar a aula, a aprendizagem dos alunos e a prática docente. Ainda segundo Curi (2018, p. 19): "É um processo interativo de planejamento, observação e revisão de aula, em que os professores e pesquisadores atuam colaborativamente, no sentido de melhorar as aprendizagens dos alunos". Nesta linha argumentativa, Merichelli e Curi (2016, p. 17) afirmam que, em diferentes países, a metodologia

> [...] tem sido apontada como capaz de incentivar a reflexão e a colaboração entre professores e promover a aprendizagem dos alunos, o desenvolvimento profissional e a melhoria dos planos de aula. Além disso, a seu favor pesam os fatos de ser baseada em evidências - já que professores avaliam os métodos de ensino que estão tentando desenvolver e usam a voz dos estudantes para analisar a qualidade do ensino.

Portanto, Estudos de Aula é indicada como uma proposta eficaz de formação continuada de professores. Segundo Merichelli e Souza (2016), essa metodologia é capaz de produzir posturas investigativas e colaborativas, promovendo o desenvolvimento profissional e a melhoria dos planos de aula estudados.

Nas publicações de Utimura (2019), Curi (2018) e Curi e Borelli (2019) percebe-se que os autores condensam a metodologia Estudos de Aula em três etapas fundamentais: a primeira refere-se ao planejamento das aulas, realizada em grupos colaborativos formados por professores e pesquisadores. A segunda, tem o foco no desenvolvimento das atividades de ensino planejadas por um dos professores participantes, com os demais fazendo o papel de observadores do processo – esse momento também pode ser filmado. E, a terceira é o momento em que os professores e pesquisadores, além de assistirem aos trechos de filmagens realizados na segunda etapa, analisam e discutem as observações e as falas dos envolvidos.

Após a terceira etapa, são discutidas e elaboradas as possíveis reformulações e adequações das sequências (UTIMURA; CURI, 2016). Sendo assim, a metodologia de Estudos de Aula pode ser resumida em três etapas: planejamento coletivo de uma aula; execução da aula planejada, que é observada pelos demais, por um professor; reflexão acerca dos pontos fortes da aula executada e dos aspectos a serem melhorados.

Blanco-Álvarez e Castellanos (2017, p. 8)[5] apontam que essa metodologia busca uma formação embasada em um trabalho reflexivo e crítico sobre a prática dos professores: "O estudo das aulas permite abrir a sala de aula para a visão crítica dos colegas, o que permite um enriquecimento mútuo com as experiências e especialidades de cada um, sendo considerada como um processo de melhoria". A etapa de observação possibilita que os participantes analisem os planejamentos elaborados e, a partir de reflexões, mudem concepções. Os autores ainda enfatizam que "o professor deve estar disposto a retornar à sua prática, a analisá-la para significar concepções e conhecimentos que o levem a compreendê-la ou aprimorá-la" (Ibidem).

As publicações de Merichelli e Souza (2016) e Utimura e Curi (2016) enfatizam que essa metodologia é utilizada tendo como foco a aprendizagem do aluno e a identificação de suas dificuldades para, assim, iniciar o ciclo de planejamento e aperfeiçoamento da prática pedagógica. Como ressaltam Bezerra e Morelatti (2017, p. 17779), a ideia principal dessa metodologia são os "ciclos de reflexão, nos quais as aulas são amplamente discutidas antes e após a sua realização, buscando sempre o seu aprimoramento, partindo da prática, passando pela teoria e retornando à prática". Ainda segundo as referidas autoras, quando a formação é centrada na prática profissional dos próprios professores, de forma que eles não só compartilham seus conhecimentos, mas aprendem com os colegas e com os alunos e buscam contribuir com a melhoria dos processos de ensino e de aprendizagem, o desenvolvimento profissional é contemplado.

---

5   Tradução dos autores.

> Também é no processo da Lesson Study que os professores têm a oportunidade de revisar e reformular a estrutura metodológica que utilizam em suas aulas, os conteúdos que ensinam, a aprendizagem do aluno e melhorar seu conhecimento profissional e prático, como consequência do estudo regular, sistemático, cooperativo e crítico que eles estão fazendo (BEZERRA E MORELATTI, 2017, p. 17781).

Sinteticamente, a metodologia Estudos de Aula tem uma característica que, normalmente, não se identifica em outras utilizadas em cursos de formação continuada - ela inicia na prática do professor; parte para a teoria; e retorna para a prática, ou seja, a prática faz parte de todo o processo de formação. Segundo Quaresma *et al.* (2014, p. 2):

> Trata-se, portanto, de um processo muito próximo de uma pequena investigação sobre a própria prática profissional, realizado em contexto colaborativo, e que é usualmente informado pelas orientações curriculares e pelos resultados de investigações relativas a um dado tema dos programas escolares.

A metodologia de Estudos de Aula consiste em um processo de desenvolvimento profissional de professores, centrado na sua prática de sala de aula, que está sendo desenvolvido em muitos países. Como se pode perceber, tem natureza reflexiva e colaborativa, ou seja, busca o desenvolvimento profissional do professor por meio da reflexão acerca da sua própria prática, com o auxílio de colegas e pesquisadores. Esse processo, que possibilita ao professor identificar e compartilhar suas dificuldades, pode ser uma etapa fundamental para a sua evolução como profissional. No momento em que o professor se permite refletir sobre sua prática, ele também percebe mudanças que precisam ser preconizadas.

Recursos tecnológicos

A escola não pode ficar alheia diante das transformações da humanidade, sendo necessário que acompanhe e se adapte a essas constantes evoluções. Cabe a ela buscar inserir os recursos tecnológicos disponíveis no ambiente escolar, adequando-os de forma a auxiliar nos processos de ensino e de aprendizagem dos alunos. É possível perceber que, ao longo da história, diversas ferramentas tecnológicas foram desenvolvidas e aplicadas com sucesso, como complemento da educação:

> A informática educativa privilegia a utilização do computador como ferramenta pedagógica que auxilia no processo de construção do conhecimento. [...] o computador é um meio e não um fim, devendo ser usado considerando o desenvolvimento dos componentes curriculares. [...] o computador transforma-se em um poderoso recurso de suporte à aprendizagem, com inúmeras possibilidades pedagógicas, desde que haja uma reformulação no currículo, que se criem novos modelos metodológicos e didáticos, e principalmente que se repense qual o verdadeiro significado da aprendizagem (ROCHA, 2008, p. 3).

A informática educativa vem ganhando cada vez mais espaço nos ambientes escolares por meio do computador que pode ser um recurso produtivo para contribuir nos processos de ensino e de aprendizagem, em especial na área da Matemática (TOLEDO e TOLEDO, 2009). Isso porque o computador proporciona facilidades e atrações que podem ser incorporadas no ambiente escolar. Costa (2014, p. 30) afirma que as tecnologias surgiram para "favorecer, contribuir e auxiliar o professor no processo de ensino".

Segundo Moran (2013, p. 56), o uso de recursos tecnológicos tende a tornar o processo mais participativo, e a "relação professor-aluno mais aberta, interativa". O autor ainda aponta que é necessário partir do mundo em que os alunos estão inseridos. Dessa forma, não se pode esquecer que as crianças, quando chegam às escolas, já passaram por uma alfabetização com seus pais e por uma alfabetização tecnológica, a partir de suas relações com os televisores, celulares, tablets e computadores.

Esse precisa ser o ponto de partida para o desenvolvimento pedagógico do professor, aproveitando o conhecimento que o aluno traz de seu convívio na sociedade. Maltempi e Mendes (2016, p. 2) observam que, embora as tecnologias digitais estejam presentes no nosso dia a dia, "a sala de aula pouco mudou nas últimas décadas, ou seja, a configuração física da sala de aula [...], o papel do professor e dos alunos, e o senso comum do que acontece em uma aula, pouco foram influenciados pelas TDs".

Nascimento (2007) menciona alguns resultados pedagógicos do uso da tecnologia digital durante o processo de alfabetização: possibilidade de variadas fontes de pesquisas de diferentes assuntos e/ou conteúdos; interação com outras escolas; pesquisas previamente organizadas ou de acordo com a curiosidade dos alunos; comunicação e socialização com o mundo; estímulo à escrita, leitura, curiosidade, autonomia e raciocínio lógico; possibilidade de troca de experiências entre professor/aluno, professor/professor e aluno/aluno.

De acordo com Almeida e Valente (2011), a inserção das tecnologias no ambiente escolar permite a integração da aprendizagem com as experiências já vividas, potencializando a construção de significados. Assim, o uso das tecnologias é considerado importante para a educação atual e é fundamental que seus recursos sejam explorados de forma diversificada. Como afirmam Menegais *et al.* (2013), deve-se ter a preocupação de promover práticas que privilegiem a aprendizagem baseada na construção do conhecimento e na apropriação dos recursos tecnológicos, buscando sua aplicação em atividades que desenvolvam a autonomia dos aprendizes.

Com base na importância que se tem dado à integração das tecnologias na educação, Costa (2014), Bona (2012) e Bona e Basso (2010) assinalam que as tecnologias vêm propiciando novas maneiras de ensinar e aprender, novas formas de acesso a informações e, ainda, o desenvolvimento de práticas pedagógicas ativas, o que possibilita, ao estudante, a construção de seu próprio conhecimento. É inquestionável, então, que o uso das tecnologias digitais é cada vez mais necessário em nossas escolas, já que estão se tornando ferramentas importantes para o desenvolvimento da sociedade. O computador precisa ser visto como mais uma ferramenta de ensino, uma vez que pode facilitar aprendizagem, na medida em que pode ser usado para fascinar o aluno para novas descobertas. Aliado a isso Dullius, Quartieri e Neide (2023, p. 11) destacam que "Nesse contexto, torna-se evidente a importância do planejamento, da clareza dos objetivos a serem alcançados, do papel do professor como um mediador no processo de ensinar e do papel do estudante com uma postura ativa no processo de aprender".

O uso de tecnologias em sala de aula permite ao estudante vivenciar experiências, promover e construir o próprio conhecimento. Desse modo, ele participa de forma dinâmica da ação educativa por meio da interação com os métodos e meios para organizar a própria experiência.

> Com as tecnologias atuais, a escola pode transformar-se em um conjunto de espaços ricos de aprendizagens significativas, presenciais e digitais, que motivem os alunos a aprender ativamente, a pesquisar o tempo todo, a serem proativos, a saber tomar iniciativas e interagir (MORAN, MASETTO e BEHRENS, 2013, p. 31).

Entretanto, cabe destacar que as tecnologias, por si mesmas, não podem ser consideradas um elemento motivador, pois, se a proposta de trabalho usando tais ferramentas não for interessante, os alunos rapidamente perderão a motivação. Por outro lado, quando as atividades são planejadas com o objetivo de aprimorar o desenvolvimento do raciocínio, o uso dos recursos tecnológicos pode trazer benefícios para o educando e tornar a tarefa de ensino mais prazerosa. Dessa forma, a integração do computador no ensino pode facilitar a aprendizagem, fascinando o aluno com novas descobertas, tornando inovadoras as atividades propostas e auxiliando na socialização dos conhecimentos construídos.

Conforme a Base Nacional Comum Curricular - BNCC (BRASIL, 2017, p. 274), os recursos didáticos tecnológicos têm "um papel essencial para a compreensão e utilização de noções. Entretanto, esses materiais precisam estar integrados a situações que levem à reflexão e à sistematização, para que se inicie um processo de formalização". Portanto, a incorporação das tecnologias só tem sentido se contribuir para a melhoria da qualidade do ensino. Elas devem servir para enriquecer o ambiente educacional, propiciando a construção de conhecimentos por meio de um desempenho participativo, ativo, crítico e criativo dos educadores e educandos.

A criação de ambientes de aprendizagem mediante o uso de tecnologias digitais permite desenvolver novas configurações de trabalho e, ainda, pesquisar, simular fatos, compartilhar ideias e experimentos virtualmente, solucionar e construir novas formas de representações. Assim, de acordo com o referido documento, é fundamental que o computador seja percebido como uma maneira de representar o conhecimento e de possibilitar a aprendizagem de conceitos, valores, habilidades e atitudes, o que exige reflexão profunda a respeito do papel do professor, bem como do ato de aprender e de ensinar. Na mesma linha argumentativa, Silva (2009) ressalta que o uso de softwares educativos, por exemplo, tem contribuído para a educação escolar de diferentes formas, pois quando se diversificam as atividades pedagógicas, esses recursos proporcionam uma melhora da aprendizagem nas diferentes áreas do conhecimento.

Mendes (2009) comenta que o uso de recursos tecnológicos pode contribuir para que professores e alunos consigam superar alguns obstáculos referentes ao ensino e à aprendizagem de conteúdos específicos. Ainda, de acordo com Maia, Carvalho e Castro-Filho (2013), a utilização de tecnologias digitais por professores oportuniza que seus alunos organizem os conceitos, o que proporciona benefícios para o trabalho do docente e para a aprendizagem do estudante.

Moreira *et al.* (2020, p. 60) afirmam "que para o bom uso do computador na sala de aula também é necessário um planejamento bem estruturado que depende inicialmente de um objetivo claro a se conquistar e da escolha dos recursos e softwares que serão utilizados no processo educativo". Na mesma linha argumentativa, Ward *et al.* (2010) salientam que é fundamental o envolvimento do professor nesse processo, bem como a preocupação com o planejamento, que deve considerar a faixa etária do aluno que está participando do processo de ensino.

Além disso, é essencial que o professor insira a tecnologia no andamento da prática pedagógica, ou seja, as ferramentas tecnológicas não podem ser exploradas de forma paralela, descontextualizada do tema que está sendo explorado. Considera-se como um bom uso dos recursos computacionais quando o professor estabelece um objetivo a ser alcançado, analisa os aplicativos/jogos e os integra às demais atividades desenvolvidas.

Para Borba e Penteado (2012), o uso de recursos tecnológicos na sala de aula deve ser inserido não como em um cursinho de informática, e sim no desenvolvimento de atividades fundamentais, como no processo de aprender a ler, escrever, interpretar gráficos e operações matemáticas. Nessa perspectiva, é importante modificar a forma de planejar e efetivar as aulas, pois os recursos permitem a interação dos conteúdos explorados em aula com atividades educativas digitais. É relevante não apenas ter acesso aos recursos, mas saber usá-los e transformá-los em oportunidades para qualificar a prática pedagógica.

Desenvolvimento

Nesta seção são apresentados três ciclos de Estudos de Aula, envolvendo planejamentos desenvolvidos com um grupo de professores de uma escola municipal. Este grupo é formado por dois professores de Matemática, um que atua nas duas turmas do 6º ano e nas duas turmas do 7º ano, o outro professor que atua nas duas turmas do 8º ano e nas duas turmas do 9º ano; e, a diretora da escola.

Esta pesquisa[6] é de cunho qualitativo e utilizou como instrumentos de coleta de dados, a gravação dos momentos de planejamento, discussão e conversa com os grupo de professores, e filmagens dos momentos de implementação das atividades com as turmas. Num primeiro momento, o grupo de professores se reuniu com a pesquisadora/diretora, que apresentou a proposta do projeto. Além disso, discutiu sobre a metodologia de Estudos de Aula, destacando a ideia de desenvolver um planejamento com o propósito de inserção de recursos tecnológicos nas aulas de matemática. Importante destacar que o objetivo foi a inserção de tais recursos para auxiliar nos processos de ensino e de aprendizagem de alguns conteúdos os quais os alunos apresentavam dificuldades. Neste sentido, inicialmente, conversou-se com os professores sobre quais as principais dificuldades em relação aos conteúdos matemáticos. Dessa forma, o grupo formulou algumas ideias de conteúdos que foram utilizados no decorrer dos planejamentos.

No primeiro ciclo, o grupo se reuniu para iniciar o planejamento sobre Educação Financeira, com o intuito de explorar a interpretação de tabelas na planilha do Google, e também alguns vídeos explicativos e motivacionais sobre a importância do gerenciamento financeiro. Este planejamento foi aplicado por dois professores. Inicialmente, por uma professora em duas turmas do 7º ano; e depois de analisado e adequado, o mesmo foi aplicado em duas turmas do 9º ano pelo outro professor. Após o desenvolvimento do planejamento, elaborado pelo grupo de professores, ficou combinado que cada professor daria sequência ao planejamento, de acordo com o conteúdo previsto para a turma que as atividades seriam exploradas.

---

6   Este trabalho conta com apoio do edital FAPERGS/CAPES 06/2018 Programa de Internacionalização da Pós-graduação no Rio Grande do Sul.

Estudos de Aula: utilização de recursos tecnológicos para o ensino de matemática dos anos finais

No segundo ciclo, foi desenvolvido um planejamento para abordar o estudo de área e perímetro com os alunos do 7º ano. Neste, a professora explorou a atividade com uma turma e o outro professor e a pesquisadora observaram o desenvolvimento da aula, com o intuito de investigar as potencialidades e fragilidades do planejamento realizado coletivamente, objetivando identificar possíveis adequações. Após esse momento os professores se reuniram para conversar e discutir sobre o andamento da aula e fazer adequações. Em seguida, a mesma professora aplicou na outra turma do 7º ano.

No terceiro ciclo, foram planejadas atividades para estudar funções, sendo que o planejamento envolveu o uso de planilha Google para construção de tabelas e gráficos. O planejamento foi implementado, primeiramente, em uma turma do 9º ano; e após, discutido e analisado, os professores fizeram as adequações no planejamento, o qual foi explorado em outra turma do 9º ano.

No momento da implementação do planejamento, por um dos professores, os demais colegas realizaram a observação. Esta é uma etapa considerada importante no decorrer do ciclo de estudos de aula, pois tem-se o intuito de observar a reação dos estudantes, a participação, os questionamentos, as dificuldades, tempo de realização, erros e acertos no decorrer da realização das tarefas propostas. A etapa da observação é fundamental para a próxima etapa de avaliação e replanejamento, pois neste momento tudo que foi observado é comentado e discutido. De acordo com o observado na implementação do planejamento são realizadas adequações no mesmo, se necessário. No momento de replanejamento é conversado sobre o tempo de execução, se as atividades foram adequadas, quais dificuldades os alunos encontraram, se é necessário alguma preparação anterior e posterior a aplicação da atividade. Por fim, são realizados os ajustes considerados necessários pelo grupo de professores para que aquele planejamento seja melhorado.

A seguir serão apresentados alguns resultados obtidos no decorrer do desenvolvimento dos ciclos de formação com o grupo de professores.

Resultados

Os dados apresentados,nesta seção, são oriundos das transcrições dos momentos em que o grupo de professores e a pesquisadora se reuniram para planejar, avaliar, fazer adequações e observações em relação aos planejamentos.

Os professores são identificados como Professores 1 e 2 e a Pesquisadora que, neste caso, é a primeira autora deste capítulo é identificada como Pesquisadora.

Em relação aos momentos de Estudos de Aula, que envolvem o planejamento, observação, replanejamento e avaliação final, os professores consideraram boa a proposta. Isso pode ser percebido no recorte do diálogo da avaliação, de um dos momentos de conversa com os professores, durante os encontros de conversa e discussão realizados.

> *Professor 1: Gostei muito de observar a aula, acho que é uma aprendizagem para mim, pois com relação a utilização de recursos tecnológicos eu tenho um pouco de receio de utilizar, achei muito bom quando você aplicou com a turma (se referindo a aplicação do professor 2).*
>
> *Professor 2: acho muito válido esses momentos de observação, apesar da gente ficar um pouco sem jeito, mas depois se acostuma.*

Pode-se se perceber que em relação aos momentos de observação, os professores consideraram importante, pois destacaram que aprenderam observando o colega. Tais resultados colaboram com Blanco-Álvarez e Castellanos (2017) que inferem que esta fase é muito importante para as mudanças na prática pedagógica.

Em relação aos momentos de planejamento, cabe destacar as falas dos professores.

> *Professor 2: Eu acho muito importante esses momentos de planejamento, pois trocamos muitas ideias, fica até mais fácil montar o planejamento, cada um tem uma contribuição e logo o planejamento fica pronto.*
>
> *Professor 1: Conversar e discutir sobre o que está sendo pensado, acho bem legal, pois conseguimos discutir sobre possíveis imprevistos e questionamentos que podem surgir durante a aplicação.*
>
> *Professor 2: Deveríamos poder fazer isso mais vezes.*

Como pode ser verificado, as etapas da metodologia de Estudos de Aula foram consideradas como importantes para o planejamento e implementação das atividades, o que corrobora com os resultados de Curi, Borelli (2019). Já em relação às atividades desenvolvidas, destaca-se alguns apontamentos dos

Estudos de Aula: utilização de recursos tecnológicos para o ensino de matemática dos anos finais

professores, após a primeira implementação do segundo ciclo, desenvolvido com as turmas do 7º ano, envolvendo o estudo de geometria, mais especificamente o ensino de área e perímetro utilizando recursos tecnológicos.

> *Pesquisadora: O que você achou das aulas?*

> *Professor 1: Gostei. Só que aquilo lá tinha que ser aplicado em vários períodos, não em um. Nem digo para concluir, para eles ter, isso ajuda bastante na construção. É lento, e demorado, parece que não sai do lugar, mas é bom.*

> *Professor 2 : Eu disse que a atividade do PHET[7], na verdade, é o pensamento contrário do que se faz na aula. Tu dá a situação problema e eles fazem o cálculo. Ali não, a resposta estava dada e eles tinham que fazer a construção daquele objeto que é da área e dar o perímetro.*

> *Professor 1: Não adianta, a gente bota eletrônico no meio eles acham mais legal. O aluno do nono me pediu: professor, não vai mais voltar aquelas aulas legais?*

> *Professor 2: Se eu botasse todas aquelas atividades impressas numa folha de xerox e desse para eles, nem 10% fariam.*

> *Professor 1: Todo mundo fazendo!.*

Os professores constataram que a atividade foi boa, motivou os alunos a realizarem as atividades e que o tempo foi curto. Neste sentido, como sugestão de mudança para o próxima implementação foi de aumentar o tempo conforme destacado pelo Professor 1 "Sobre a atividade, se precisa mudar alguma coisa. É o tempo só".

O professor 2, que implementou a proposta planejada, apontou também que percebeu que não deu o tempo como se tinha planejado "Por que a do PHET foi um período. Daí as do World Wall acabei usando o outro período" (Professor 2). O referido professor também comentou sobre algumas anotações realizadas durante a aplicação, conforme constatado no diálogo a seguir.

> *Professor 2: Eu fui anotando algumas coisas que me chamaram atenção. Que as atividades acabaram estimulando o cálculo mental. Por exemplo,*

---

7   É um site de livre acesso de Simulações Interativas para o Ensino de Física e Matemática. Disponível em: https://phet.colorado.edu/pt_BR/

tinha que dar 24 a área, então pensaram que número x outro dá 24? Eles iam vendo que algumas respostas da multiplicação não fechavam o valor do perímetro. Eles foram fazendo muito cálculo mental e largaram um pouco a questão de montar o cálculo básico.

Pesquisadora: Até porque como não tem papel, acabam forçando um pouco.

Professor 2: No início eu disse para eles pegarem um rascunho, um lápis para irem fazendo os cálculos. Mas, tudo muito mental.

Professor 2: Essa parte de identificar os erros também foi bom para eles. Tipo, a área fechou 24, mas o perímetro não fechou 20. Eles tinham esse pensamento de repensar, aprender um pouco com os erros, pensar sobre o que fizeram de errado.

Pesquisadora: O próprio aluno está testando. Vi que alguns iam na tentativa e erro.

Professor 2: Que também é uma estratégia.

Pesquisadora: E no fim faz eles pensarem também, o que eu fiz de errado.

Professor 1: Por isso que é sempre importante agente jogar e testar o jogo, ou aplicativo que vamos usar com antecedência, pois podem surgir dúvidas.

Pode-se perceber, no diálogo apresentado, a importância de testar os jogos, ou aplicativos com antecedência para identificar os erros que podem surgir durante a realização das atividades (COSTA, 2014). Também, nota-se no diálogo apresentado, que o professor fez observações durante a aplicação que são consideradas uma importante etapa dos ciclos de estudos de aula. Sánchez e Blanco-Álvarez (2019, p. 5), destacam que, "com a observação da aula, os professores vão tomando novas formas de conceber suas ações, o que lhes permite adotar uma visão sistemática e informada a esse respeito". Assim, pode-se inferir que as professoras aprenderam ao observar os colegas desenvolvendo as atividades. Também cabe destacar a preocupação do Professor 2 para a preparação da atividade:

Professor 2: Outra coisa que quando eu escolhi as atividades, eu tinha lido vários trabalhos de recursos tecnológicos para geometria. Vários eu tive que não usar, excluir, porque no Chromebook não consegue baixar,

> *instalar. Tem que ser uma coisa que é de uso online. Isso acaba limitando o planejamento.*

É importante salientar a preocupação do professor em fazer uma busca por atividades que poderiam ser utilizadas de forma online, nos Chromebook da escola. Para obter sucesso no desenvolvimento das aulas com tecnologias digitais, de acordo com Dullius, Quartieri e Neide (2023), é importante a organização, o planejamento e também a testagem dos aplicativos que serão utilizados. Neste mesmo sentido Santos, Almeida, Zanotello (2019, p. 345) corroboram:

> [...] a utilização didática das TIC nas práticas cotidianas só adquire sentido quando baseada em uma clara e definida concepção pedagógica, pois somente a introdução de aparatos tecnológicos sem uma concepção educativa fundamentada na construção do conhecimento e centralidade do aluno não tem potencial para impactar os processos de ensino e aprendizagem.

Cabe destacar que durante o momento de conversa com os professores, onde foi realizada a avaliação das atividades exploradas, os professores consideraram a utilização dos recursos tecnológicos no decorrer das atividades em suas aulas.

> *Professor 2: Isso que o professor falou, quando é uma tela interativa eles agem.*
>
> *Professor 1: Até o (aluno x) fez, ele se interessou.*
>
> *Professor 2: A tela interativa cativa eles de uma forma.*
>
> *Professor 1: É a geração disso.*
>
> *Professor 2: E também leva eles à competição. O World Wall coloca o ranking dos dez melhores, tipo a aquela aluna que na maioria das vezes não faz nada na aula, se sentiu desafiada. É meio que no automático, foi realizando as atividades e nem se deu conta que estava fazendo tudo.*

A utilização de recursos tecnológicos acaba chamando a atenção dos alunos. Isso resulta na situação de que, muitas vezes, até aqueles alunos que não desenvolvem as atividades do dia a dia, acabam realizando as atividades.

Neste sentido Menegais *et al.* (2013, p. 9), destacam em seus estudos que com a utilização dos recursos tecnológicos percebe-se "O considerável envolvimento dos estudantes em caráter individual e coletivo, em relação às atividades propostas, aponta para um maior interesse e desenvolvimento do raciocínio lógico, observados nas atividades de sala de aula, aspectos esses ressaltados pelos professores".

Em relação à outra atividade desenvolvida pelo grupo de professores, a percepção foi muito semelhante, como mostra o diálogo realizado, sendo que o professor fez um comparativo com as aulas nas quais ele não utiliza recursos tecnológicos.

> *Professor 1: Houve uma maior aceitação.*
>
> *Pesquisadora: Todos participaram mais, foi isso?*
>
> *Professor 1: É, e depois de novo continuou.*
>
> *Pesquisadora: Que bom!*
>
> *Professor 2: Eu acho que, aquela parte que a gente fez assim, da tabela, que eles fizeram e levaram para casa e preencheram manualmente depois construíram. Aquilo ali, deu um "baque" em muitos, eu acho.*

No recorte do diálogo dos professores, pode-se perceber que o professor 2 destacou a importância da atividade planejada em conjunto pelo grupo, que foi importante para realização e concretização da proposta. Destaca-se que os professores perceberam como foi importante a utilização de recursos tecnológicos na prática pedagógica, pois os mesmos apontaram nos momentos de conversa e avaliação das atividades, que a utilização de recursos tecnológicos tornou a aula mais dinâmica, atrativa para os alunos. Muitos se sentiram motivados e desafiados a desenvolverem as atividades.

Considerações finais

Neste capítulo, apresentou-se um breve relato dos momentos de formação e desenvolvimento de ciclos de Estudos de Aula, no qual participaram a primeira autora e dois professores de uma escola pública, no ano de 2022. Esta pesquisa faz parte do Grupo de Pesquisa PROEDU, que no decorrer deste ano, organizaram três ciclos completos dos Estudos de Aula, utilizando a metodologia para fomentar a inserção de recursos tecnológicos nos processos de ensino e de aprendizagem de matemática nos Anos Finais do Ensino Fundamental.

Percebeu-se que os professores consideraram que as atividades desenvolvidas foram importantes para os processos de ensino e de aprendizagem, consideraram uma maior participação e envolvimento dos alunos no decorrer das atividades exploradas. Para os professores, foi importante o processo de planejamento em conjunto, pois se sentiram mais confiantes no desenvolvimento das atividades.

Observou-se que, após os encontros, os professores passaram a utilizar mais os recursos. Em vários momentos, no decorrer do ano letivo, conversaram com a pesquisadora, buscando trocar ideias e sugestões para outros planejamentos de atividades para serem desenvolvidas com os estudantes nas aulas de matemática.

Referências

ALMEIDA, Maria E. B.; VALENTE, José A. **Tecnologias e Currículo:** trajetórias convergentes ou divergentes? São Paulo: Paulus, 2011.

BLANCO-ÁLVAREZ, Hilbert; CASTELLANOS, María T. La formación de maestros reflexivos sobre su propia práctica y el estudio de clase. *In*.: MUNHOZ, Angélica V.; GIONGO, Ieda M. (Org.). **Observatório da educação III : práticas pedagógicas na educação básica**. Porto Alegre : Ed. Criação Humana / Evangraf, 2017. 231 p. Disponível em: https://www.univates.br/editora-univates/media/publicacoes/230/pdf_230.pdf. Acesso em: 10 jul. 2023.

BEZERRA, Renata C.; MORELATTI, Maria R. Lesson study: discutindo o processo formativo da prática à prática. *In*: **Anais do XIII Congresso Nacional de Educação – EDUCERE**, 2017. Disponível em: https://educere.pucpr.br/p1/anais.html. Acesso em: 10 jul. 2023.

BONA, Aline. S. de. **Espaço de Aprendizagem Digital da Matemática: o aprender a aprender por cooperação**. Tese (Doutorado). Programa de Pós-Graduação em Informática na Educação. Porto Alegre: UFRGS, 2012. Disponível em: https://www.lume.ufrgs.br/bitstream/handle/10183/63132/000869248.pdf?sequence=1&isAllowed=y. Acesso em: 13 jun. 2023.

BONA, Aline. S. de; BASSO, Marcus V. de A. Portfólio de Matemática: uma evidência do processo de aprendizagem com apropriação tecnológica. **RENOTE - Revista Novas Tecnologias na Educação**, v. 8, n. 2, 2010. Disponível em: https://seer.ufrgs.br/renote/article/view/15246. Acesso em: 10 jul. 2023.

BORBA, Marcelo. C; PENTEADO, Miriam. G., **Informática e Educação Matemática**. Coleção Tendências em Educação Matemática. Belo Horizonte, 2012.

BRASIL. **Base Nacional Comum Curricular**. Brasília: MEC, 2017. Disponível em: http://basenacionalcomum.mec.gov.br/wp-content/uploads/2018/04/BNCC_19mar2018_versaofinal.pdf. Acesso em: 04 ago. 2023.

COSTA, Ivanilson, **Novas tecnologias e aprendizagem**. 2 ed. Rio de Janeiro: Walk Editora, 2014.

CURI, Edda. Reflexões sobre um projeto de pesquisa que envolve grupos colaborativos e a metodologia lesson study. *In.:* CURI, Edda; NASCIMENTO, Júlia de C. P. do; VECE, Janaina P. (orgs). **Grupos colaborativos e lesson study: contribuições para a melhoria do ensino de matemática e desenvolvimento profissional de professores**. Alexa Cultural: São Paulo, 2018.

CURI, Edda; BORELLI, Suzete de S. Indícios de aprendizagens de professores dos anos iniciais do Ensino Fundamental a partir da metodologia Lesson Study. **Revemop**, Ouro Preto, v. 1, n. 1, p. 44-61, jan./br. 2019.

DULLIUS, Maria Madalena; QUARTIERI, Marli Teresinha; NEIDE, Italo Gabriel. Teoria do Uso Didático das Tecnologias Digitais – TUDITEC. Livraria da Física: Porto Alegre, 2023.

MAIA, Dennys L.; CARVALHO, Rodrigo L.; CASTRO FILHO, José A. de O laptop educacional no ensino de Função: experiência de aprendizagem colaborativa com suporte computacional. *In*: BARRETO, Marcília C. *et al.* **Matemática, Aprendizagem e Ensino**. 1ed. Fortaleza: EdUECE, p. 113-128, 2013.

MALTEMPI, Marcus V.; MENDES, Ricardo de O. Tecnologias digitais na sala de aula: por que não? *In*: **Atas do IV Congresso Internacional TIC e Educação 2016: Tecnologias Digitais e a Escola do Futuro**. p. 86 – 96, 2016. Disponível em: http://www.rc.unesp.br/gpimem/downloads/artigos/maltempi_mendes/ticeduca-maltempi_mendes.pdf. Acesso em: 10 jun. 2023.

MENDES, Iran A. **Matemática e investigação em sala de aula:** tecendo redes cognitivas na aprendizagem. Ed. rev. e aum. São Paulo: Editora Livraria da Física, 2009.

MENEGAIS, Denise A. F. N.; PESCADOR, Cristina M.; FAGUNDES, Léa da C. Práticas Pedagógicas em Matemática: experiências em uma escola do Programa UCA. **RENOTE - Revista Novas Tecnologias na Educação**, v. 11, n. 1, 2013. Disponível em: https://doi.org/10.22456/1679-1916.41692. Acesso em: 23 jul. 2023.

MERICHELLI, Marco A. J.; SOUZA, Isabel C. P. de. As aprendizagens profissionais de um grupo de professores em um estudo de aula. *In*: **Anais do XII Encontro Nacional de Educação Matemática**. São Paulo. 2016. Disponível em: http://www.sbembrasil.org.br/enem2016/anais/pdf/4723_3790_ID.pdf. Acesso em: 04 jun. 2023.

MERICHELLI, Marco A. J.; CURI, Edda. Estudos de aula ("Lesson Study") como metodologia de formação de professores lesson study as methodology for teacher training. **REnCiMa**, Edição Especial: Educação Matemática, v.7 , n.4, p. 15-27, 2016. Disponível em: http://revistapos.cruzeirodosul.edu.br/index.php/rencima/article/viewFile/1202/838. Acesso em: 29 jul. 2023.

MORAN, José M. Ensino e Aprendizagem inovadores com tecnologias audiovisuais e telemáticas. *In:* MORAN, José M.; MASETTO, Marcos T.; BEHRENS, Ilda A. **Novas Tecnologias e Mediação Pedagógica**. São Paulo, Papirus. Editora, 2011- Campinas, SP: 2013.

MORAN, José M.; MASETTO, Marcos T.; BEHRENS, Ilda A. **Novas Tecnologias e Mediação Pedagógica**. São Paulo, Papirus. Editora. Campinas, SP, 2013.

MOREIRA, Priscila R.; FIDALGO, Fernando S. R.; COSTA, Evandro A. da S. Mídias digitais no ensino da matemática. **ReviSeM**, Ano 2020, N°. 2, p. 56 – 70. Disponível em: https://doi.org/10.34179/revisem.v5i2.12232. Acesso em: 17 de ago. 2023.

NASCIMENTO, Karla A. S. do. **Formação continuada de professores do 5º ano:** contribuição de um software educativo livre para o ensino de geometria. 2007. Dissertação do Mestrado Acadêmico em Educação, Universidade Estadual do Ceara, Fortaleza, 2007. Disponível em: http://www.dominiopublico.gov.br/pesquisa/DetalheObraForm.do?select_action=&co_obra=132855. Acesso em: 10 jul. 2023.

QUARESMA, Marisa, *et al*. O estudo de aula como processo de desenvolvimento profissional. 2014. **Atas do XXV SIEM**. Disponível em: http://www.apm.pt/files/_P19_534363b07463a.pdf. Acesso em: 30 de jul. 2023.

ROCHA, Sinara S. D. O uso do Computador na Educação: a Informática Educativa. Revista Espaço Acadêmico, n. 85, Jun. 2008. Disponível em: http://www.ich.pucminas.br/pged/db/wq/wq1_LE/local/computadoreducacao-informaticaeducativa.htm. Acesso em: 25 jul. 2023.

SILVA, Maria A. **Formação e prática docente em software livre na rede municipal de ensino de Fortaleza.** 168p. Dissertação (Mestrado Acadêmico em Educação) – Universidade Estadual do Ceara, Fortaleza, 2009. Disponível em: http://www.uece.br/ppge/dmdocuments/DISSERTA%C3%87%C3%83O-%20MARIA%20AURICELIA%20DA%20SILVA.pdf. Acesso em: 25 de jul. 2023.

TOLEDO, Marília; TOLEDO Mauro. **Teoria e prática de matemática**: como dois e dois. São Paulo: FTD, 2009.

UTIMURA, Grace; CURI, Edda. Aprendizagens dos alunos no âmbito do projeto docência compartilhada e estudos de aula (lesson study): um trabalho com as figuras geométricas espaciais no 5º ano. **Educação Matemática Pesquisa. EMP**, São Paulo, v. 18, n. 2, p. 1015-1037, 2016. Disponível em: file:///C:/Users/Home/Downloads/26488-78417-1-PB%20(1).pdf. Acesso em: 25 jul. 2023.

UTIMURA, Grace Zaggia. **Conhecimento professional de professoras de 4º ano centrado no ensino dos números racionais positivos no âmbito do estudo de aula.** 195f. Tese (Doutorado em Ensino de Ciências e Matemática). Universidade Cruzeiro do Sul. São Paulo, 2019.

WARD, Hellen; *et al.* **Ensino de Ciências.** 2 ed. Porto Alegre: Artmed, 2010.

Impresso na Prime Graph
em papel offset 75 g/m^2
fonte utilizada adobe caslon pro
fevereiro / 2024